对不起，我不活在你给我的人设里

J小姐 著

北方文艺出版社

图书在版编目（CIP）数据

对不起，我不活在你给我的人设里 /J 小姐著 .--哈尔滨：北方文艺出版社，2020.3
　　ISBN 978-7-5317-4734-5

Ⅰ.①对… Ⅱ.①J… Ⅲ.①人生哲学－通俗读物 Ⅳ.① B821-49

中国版本图书馆 CIP 数据核字（2019）第 294772 号

对不起，我不活在你给我的人设里
DUIBUQI WO BU HUO ZAI NI GEI WO DE RENSHE LI

作　者 /J 小姐	
责任编辑 / 富翔强	装帧设计 / 李俏丹
出版发行 / 北方文艺出版社	邮　编 / 150080
发行电话 /（0451）85951921　85951915	经　销 / 新华书店
地　址 / 哈尔滨市南岗林兴街 3 号	网　址 / www.bfwy.com
印　刷 / 天津旭非印刷有限公司	开　本 / 880×1230　1/32
字　数 / 130 千	印　张 / 7.5
版　次 / 2020 年 3 月第 1 版	印　次 / 2020 年 3 月第 1 次印刷
书　号 / ISBN 978-7-5317-4734-5	定　价 / 46.80 元

自序

当你不再讨好别人，
你就是全世界的主角

在我的粉丝眼里，我是个"厉害的姑娘"——能一次创业就成功，能研发出神奇好用、帮女性定位自身风格的工具——"气质九宫格"，能帮助貌不惊人的姑娘惊艳变身，也能写出刷爆朋友圈的"爆文"。

此外，他们还认为我感性、理性"双发达"，看问题直击要害，还能对人和事抱有最大的包容。

所以，经常有人问我："J小姐，你从小就很与众不同吗？"

我知道，大家希望的答案是："对呀，我天赋异禀"，因为这样就可以用"我没有天赋"来安抚自己了。

但事实上，我并不是什么天才，也没有过什么传奇的经历。我曾经是个自卑、敏感、缺乏自信的人，别人希望我是怎么样的，我就努力变成那样。

高中时，成绩名列前茅的我在学业上一直没什么压力，但我总听别人说男生学习的后劲儿足，女生到了高二学习能力就会开始变弱。

那时，我从同桌（一个男生）的做题速度中感受到了压力，觉得男生果然强啊，我只是比他们更用功，成绩才变好的，实际上我并不如他们！

后来，我就真的不如他们了！

大学时期，一个各方面条件都很好的男生追求我，但我对他没有丝毫感觉。

室友们说："你还想找什么样的啊？你就是不知足，是不是心气儿太高了？"

然后，我就听从大家建议，跟一个自己并不喜欢的人在一起了。之后，我每次要分手的时候，都会被室友们吐槽："你真是太作了，身在福中不知福啊！"

所以，我连分手的勇气都没有！

如果有人说我人特别好，特别大方，那么他欠我的钱我就可以不要了；如果有人说我乐于助人，很热心，我就可以帮他干很多活。

那时候的我，总想活成一个被别人接纳与喜欢的人。于是，我不由自主地把自己套入到了别人给我设定的人设之中，按照别人期待的剧本"表演"自己的喜怒哀乐。

直到我去意大利留学，我之前所有的观点都被颠覆了。

那时，最令我震撼的一件事，就是与我相处了两个月的英国室友Sera对我说："很抱歉，我忍受不了你了，虽然你总是试图让我高兴，但是我的高兴并不能让你变得更好。我们应该是两个人格独立、完整的人，都应为了自己的绽放而尽力地活着，而不是时刻想着去讨好别人。"

听了她的话，我有点手足无措，脑海中闪过这两个月以来我和她相处的点点滴滴：我主动整理房间，帮她挂好衣服，小心翼翼地和她相处……我希望她认为我好相处又不计较，希望她能喜欢我。

而彼时，她漂亮的眼睛里满是疑惑，她难以理解我为什么不能为自己而活。

那一天，我回忆了自己前20年的生活状态：从小，我为了让父母开心，不敢表达自己的观点；习惯小心翼翼地讨好身边所有人，让别人高兴，让别人把我当成一个善良可靠的人。

但是，真实的自我却一直被我所压抑——我一直在假装它从来没有存在过！

在被揭穿后，我没有选择回避，而是选择了直面现实，选择追问自己：

如何不活在别人给我的人设里？

如何不透过别人的眼睛认识这个世界？

如何按照自己的意愿去过丰盈美好的一生？

自从那次反思之后，我开始慢慢改变自己，并且告诉自己——我就是我，不要活在别人为我设定的角色中。

现在，每天醒来，我都心怀欢喜——我有一群亲密无间的朋友，有支持我并和我共同成长的伙伴们，有愿意投入自己所有心智的事业——这就是我按照自己的意愿生活带来的结果。

我也希望所有人都能活出一个闪闪发光的自己——每多探索自己一点，世界的美就在眼前多呈现一点。

现在，我已经三十多岁了，走过了上万里的路，看过了几万张面孔。我见过女明星在穿不进昂贵礼服时崩溃、痛苦的面容，也见过平凡姑娘在变美后绽放的笑脸；我见过天赋异禀的人为才华所累，也见过平凡的人们笨拙的努力。

我把自己的所见所感都写进了这本书里，希望你能从这些故事里看到每个人为寻找真实的自己所做的努力。

最后，你会明白，每个人都如此神奇，都如此值得自己骄傲！

我们的大脑有1000亿个神经细胞，与银河系里闪耀着的星星数量相当；当我们的心脏在有力地跳动的时候，每天都能运输7吨血液；我们的身体水分所占的比例约为70%，与地球的海陆比例相同。

看吧，我们的脑中存在着宇宙，我们的体内有一颗星球！

这样的你，又怎能一直活在别人为你设定的剧本中呢？

目录 CONTENTS

Part 1
与其让别人看好，不如自己活得好看

01 你所谓的佛系，只是害怕努力 / 002

02 世界再冷，也要活得热气腾腾 / 007

03 在错误的道路上狂奔，不如找到适合自己的战场 / 012

04 别人眼中的幸运，只有自己知道是理所当然 / 017

05 柴米油盐里，少女心是一种超能力 / 022

06 对不起，我不活在你给我的人设里 / 028

07 别把想要当成需要 / 035

08 你烦恼多，是因为你格局太小了 / 038

Part 2
从现在开始，爱要留给自己

01　有能力爱自己，有余力爱别人 / 044

02　长得漂亮是优势，活得漂亮才是本事 / 048

03　当你不再唯爱是从，全世界都会为你让路 / 056

04　你对自己多看重，别人对你才有多尊重 / 062

05　买买买，只是爱自己最肤浅的方式 / 067

06　你不喜欢自己，是从凑合开始的 / 073

Part 3
不被定义，才是最好的定义

01　别让你的幸福，毁在别人的嘴里 / 078

02　真正精致的生活，从来都不贵 / 082

03　做减法的人生，从不纠结 / 088

04　手捧保温杯，你也可以回到18岁 / 093

05　能把生活经营好的女人，一定很"善变" / 097

06　高跟鞋有高跟鞋的骄傲，平底鞋有平底鞋的格调 / 103

07　小家子气，绝不仅仅是因为缺钱 / 107

08　人生的弯路，我偏要任性地走一次 / 113

Part 4
余生就不用您指教了

01 不懂欣赏你的人，配不上你的余生 / 120

02 我的安全感，不用你给 / 124

03 你凭什么觉得，我会一直在原地等你？/ 128

04 我不怕你离开，短暂的痛唤醒长久的梦 / 133

05 失望都是"攒"出来的，不爱也是 / 137

06 别等到失去我，再说来不及 / 142

07 女人靠哄，靠宠，也靠懂 / 146

08 爱你的人，都会把废话当情话 / 151

Part 5
我从未放弃过自己，但跟你没有任何关系

01 我改变，只是想成为自己喜欢的模样 / 158

02 挺直腰板，才有气力应对生活的琐碎 / 165

03 有底气的姑娘，从来不在乎相貌平平 / 169

04 真正的蜕变，都找到了适合自己的方法 / 174

05 我逆袭，绝不是和你分手的成果 / 179

06 真正动人的容貌，是满脸生机 / 186

Part 6
我就喜欢你看不惯,又干不掉我的样子

01 得一个真朋友有幸,交一个假闺密遭殃 / 192

02 你凶的时候,世界就怂了 / 197

03 你可以看不惯我,反正你也干不掉我 / 203

04 你有你的活法,我有我的态度 / 207

05 不好意思,嘴上说说的道歉我不接受 / 212

06 我的爱情,不需要你看得懂 / 220

Part 1

与其让别人看好，
不如自己活得好看

01　你所谓的佛系，只是害怕努力

1

时雨盘腿坐在我对面，把一个飞鱼籽寿司塞到嘴里，认真地咀嚼着。伴着鱼子在口腔里爆裂的声音，她又抓起一个，满足地说："生活里有美食就够了，那些小波折都算什么啊！"

看着她没心没肺的样子，我心里想：这哪像是一个既失恋又失业的人呢？

时雨就是这样一个乐观的姑娘——不论遇到什么挫折，吃顿好的，她就能满血复活。她总是比别人更容易找到希望，跌倒了马上就能爬起来，然后拍拍身上的尘土，继续开心地"赶路"。

她笑眯眯地跟我说："你不要为我担心了，倒霉的日子总会过去，明天会更好。"

看着她天真无邪的眼睛，我一字一顿地对她说："时雨，你明天不会更好，后天也不会。"

听了我的话，时雨的表情从微笑切换到了惊愕。

我接着说："在生活中，我们无论遇见好事还是坏事，诚然一切都会过去的,但是如果你在这10年里一直在倒霉,你会不会有所反思——其实比寻找希望更重要的,是学会做出正确的选择!"

2

我是在6年前认识时雨的,那时,她在我回国后任职的第一家公司做行政。

一次午饭后,我们几个同事在茶水间聊高考报志愿的事情。

时雨说:"第一次高考后,我报了一个医科大学,开学时,辅导员拿了一摞厚厚的书,告诉我们说,这些都是这学期要背的内容,我当时就吓蒙了,觉得自己根本毕不了业。思前想后,我还是决定要退学,回高中再去复读一年。"

同事们听了都说:"你好厉害啊,我们报错专业都读下来了,你居然退学了!"

时雨当时说了句很有哲理的话:"我就是这么'佛系',我们总要从绝望中找到新的希望啊!"

同事们纷纷表示赞同,称赞她乐观,有正能量。

作为一个略为悲观的人,我很喜欢这个乐观、豁达的姑娘。所以,即使我离开了那家公司,也和她保持着紧密的联系,一两周就见一次面。

时雨虽然乐观,但是她却是个很"倒霉"的人,似乎处处

"逆风"。

在感情中,她总是遇人不淑。每次听她讲完自己的经历,我的心情都非常沉重,不知道该怎么安慰她,但时雨却总是很快就好起来了。她跟我说:"我依然相信爱情,只是那个对的他还没有出现!"

在工作上,她总是频繁跳槽。她一直在做行政工作,琐事特别多,所以失误也多,在公司也不受老板重视;她时常被同事"穿小鞋",也给领导背过锅。因为这些,她经常愤然辞职。但是跳槽后,她的工作做得也不太顺利,从知名企业换到小型民营企业,薪资也随之降了不少。

因为喜欢欧式双眼皮,她贸然地去一家小医院,割了个超宽的双眼皮,恢复后完全不能素颜,眼皮夸张得吓人。我说:"你心可真大啊,说去割,就马上找了个小医院割,也不仔细研究一下。"

她却说:"这样也挺好,督促我每天化妆,省得偷懒。"

她就是这么乐观,我们认为天大的事,她马上就能走出来,变得积极乐观。

3

我看着呆坐在那里,黯然神伤的时雨,有些于心不忍,但还是接着说:"乐观是一种非常可贵的品质,我总被你不屈不挠的精神所感动，但是你有没有想过，为什么你总是这么倒霉呢？"

"你遇人不淑，因为你和他们相遇的地点总是在酒吧，在那种气氛下，所有的感觉都是假象。你为什么不尝试着换一种恋爱方式，看能不能找到白马王子？

"你的工作总是那么容易被替代，可你为什么从来不想着要通过学习来提升一下自己的能力呢？只有成为一个高价值的人，在职场，你才无法被轻易取代。即使你犯了错误，也能被其他优势拉平。

"在你做任何选择之前，比如报考专业，可不可以想清楚，你到底想要什么样的未来呢？不懂，你就多花一点时间咨询专业人士的意见，就去多查一些资料，就会有更好的选择，可是你为什么懒得去思考呢？

"当你遇到挫折时，爬起来后，首先应该弄清楚的是遇到这些挫折的原因是什么，今后该如何识别和避免，而不是用'一切都会好起来的'这种毫无事实依据的话来麻痹自己，然后想都不想就继续往前走。

"其实，你是在用佛系来掩盖你的懒惰，用乐观来逃避现实。你一直在重复不尽人意的生活，而这种生活，早就该通过正确的选择而结束。"

……

听了我的一番话，时雨，那个乐观的姑娘哭了，她说："吃饱了，想回家了。"

回到家，我在为自己的严厉言辞而自责时，却收到了时雨的信息，她说："你说得对，我一直在用佛系的生活态度来掩饰我因懒惰、懦弱而犯下的错，来掩饰我的不努力，不假思索地把人生失败归结到'倒霉'。30年来，我都在走眼前一成不变的路，觉得一切都无法避免，那就只能选择乐观了！然而，人生这么广袤，我怎么会没有选择呢？谢谢你，让我第一次认真思考自己的人生，我会通过正确的选择，让自己好起来！"

我相信时雨一定可以走出"倒霉"的恶循环，我也希望每一位姑娘在保持乐观的同时，不要假装痛苦的经历从未发生过。你要记住它，以它为契机，克服一切艰难险阻！

02　世界再冷，也要活得热气腾腾

1

我终于屏蔽了一位美女，不用再看她的朋友圈了。

一般在朋友圈刷屏广告、求点赞、转发谣言的人，最多让人有点儿厌烦，但她发的内容，却能让人产生坏情绪。

比如，她会经常发这样的内容：

人生的开始，不过是一场早已写好的结束，我们都是带线的玩偶，向着那写好的结局一路狂奔，直到穷途末路。

有些事，在历经沧桑后，才开始不着痕迹地更改。曾经，不管握得有多紧，最终都会失去。而我们，收获的只是逐渐地老去。

那些人性的肮脏，我如何做到视而不见。

……

跟那些感悟岁月与总结现阶段人生从而引起共鸣不同的是，她发的内容只会引起别人的愤怒，会让人忍不住给她留言：你才多大啊,到底遭受了多少坎坷艰辛,就看透人生了?

事实是,她不过25岁,正值青春年华,是生命最有拼劲儿的时候。也许她遭遇了一些挫折,但她不去总结经验、整装前行,就停下来感慨人生,未免让人感觉她有些浮躁。

很多人在人生刚刚开始的时候,就感叹岁月的残酷、人生的痛苦,殊不知,一个人在没有拼搏到筋疲力尽的时候,是没有资格抱怨的。在我们没看到的地方,有很多人都被命运"薄待",他们却依然保持对广袤人生的敬意。

2

我有一位好友,她曾经是最年轻的女性企业家,经常去高校演讲,在外人眼里可谓风光无限。不幸的是,她遭受了投资诈骗,公司不久后便倒闭了,上门讨债的人络绎不绝。

那时,她正在和恋爱5年的男友筹备结婚,未来公婆怕儿子在经济上受到牵连,就命令儿子跟她分手,而那个曾跟她海誓山盟的男友,不顾两人多年的情意,听从了父母的意见离开了她。

在那段时间里,26岁的她,变卖了所有东西,向亲友借了很多钱,频繁出入法院解决问题。待事情平息后,她告诉我说她要回老家了,让我有空去找她玩。当时我为她的离开而痛哭流涕——一个积极努力的姑娘，怎么就被这座城市赶了回去呢？

从此，她的朋友圈再也没有更新过，电话也停机了，她仿佛消失了一样。

再见她时，她抱着一个漂亮的宝宝。原来，回家后，她很快结婚生女。现在，她妈妈帮她一起照顾女儿，她自己则做起了食品贸易。她的微信朋友圈又开始活跃起来了，偶尔发发自己公司的广告，偶尔展示一下自己在健身房挥汗如雨的样子，偶尔晒一晒可爱的宝贝和自己的笑容……

每次看到她的朋友圈，我都感觉如同沐浴在了阳光里。

她从过去的有房有车，到现在带着一家人蜗居在出租房里，每天挤着不同的公交跑业务，反差之大，真是令人不可想象。

这些经历，对于不满30岁的她来说，算不算坎坷呢？可是，你在她脸上丝毫看不到沧桑的痕迹，她努力着、希望着，仍旧像个单纯的少女一样相信美好的一切终将来到。

3

我另一位男性好友曾是知名地产公司的高管，工作和生活都过得风生水起。可没想到人到中年，他竟然被查出患了恶性肿瘤。更不幸的是，他的肿瘤切除后又转移复发了。当时，他不想让年迈的父母为他操心，所以在化疗的时候，只让护工陪在自己身边。

康复出院后,他也没有及时行乐,放纵自己,而是跑去创业了——跟朋友一起做了个上门保洁的服务公司。虽然在创业的过程中,他要经常熬夜开会、做产品优化,有时还要去做保洁体验服务,但我每次见到他,他总是是红光满面、活力满满。

他经常会在朋友圈里秀厨艺、马拉松奖牌,还有自己养的两只狗和十几只鸡。陌生人可能会质疑他是不是刻意回避苦难,但只有和他熟识的人才知道他的坚强和淡然,他说:"既然总会有人遇到疾苦,这个人为什么不能是我呢,世间的一切事都是有可能发生的!"

那些真正经历坎坷的人,即便历经磨难,也不会怀疑人生,而是不断地努力,让自己的人生闪闪发光。

相形之下,如今的很多年轻人,失恋了就觉得看透了爱情,吃了点亏就觉得摸透了人性,稍有不如意就觉得命运多舛!其实他们过得并没有多差,也不是无法承受遇到的挫折,他们就是喜欢放大自己的不如意。而那些所谓的沧桑,常常不过就是懦弱、懒惰、无病呻吟。

因为,那些真正在拼搏的人,是没空伤春悲秋、怨天尤人的,他们忙着学习如何识别并避开一个个陷阱!

我身边很多中年朋友,不管世界再冷,他们也会活得热气腾腾，仍然和少年时一样对世界充满了热爱和好奇。

所以，20多岁的年轻人，在你黑白分明的眸子里，更应该让人们看到活力与希望；从你微微上扬的嘴角里，更应该让人看到你对抗一切逆境的勇气，而不是硬挤出干瘪苍白的人生感悟。

我很喜欢艾佛列德·德索萨的一段话，送给各位共勉：

去爱吧，就像不曾受过伤一样；
跳舞吧，就像没有人会欣赏一样；
唱歌吧，就像没有人会聆听一样；
干活吧，就像是不需要金钱一样；
生活吧，就像今天是末日一样。

03　在错误的道路上狂奔，
　　不如找到适合自己的战场

1

　　我的一位女性朋友晓君，最近画风突变：她剪了个空气刘海儿，留了个乖巧的波波头，背带裤里面套了一件连帽卫衣，脚上穿着小白鞋，还背了个卡通图案的双肩包……

　　我跟她说："大姐，你都35岁了，这是有啥想不开的吗？这种青春甜美风，反而让你更显得沧桑了！"

　　她有点儿无奈地说："我交了个比我小5岁，还长着一张娃娃脸的男朋友，能怎么办啊？我长得又偏成熟，我俩看起来年龄差距更大了。最主要的是，他在工作中接触的，都是一些年轻的小姑娘，我不得不打扮青春点儿啊！"

　　我非常理解晓君的焦虑，忍不住长叹了一口气说："你放弃了自己知性、优雅、大气的风格，而跑去扮可爱，但你打扮出来的可爱，和人家20出头的姑娘能比吗？你男朋友喜欢的也是你的知性美吧，如果他喜欢那种青春靓丽的小女孩，为什么要和你在一起呢？"

晓君听了我的话，一拍脑门说："听你这么一说，我男朋友好像也认为我这副打扮挺一言难尽的，他虽然没直说，但早就暗示过他喜欢成熟、知性的女生，所以我得赶紧回到自己的战场上，不能自己乱了阵脚啊！"

2

其实像晓君一样的姑娘还有很多，她们总是忽视自己的优势，在错误的道路上狂奔，最后让自己的生活变得一团糟。

我的朋友丽丽，本来是一个幸福的全职太太。她把孩子教养得特别好，还会做各种美味的食物，把家里的大事小情都打理得井井有条。但后来由于受到一些电视剧和一些激进文章的影响，丽丽觉得自己不能再做全职主妇了，她要做独立的女强人，所以就闹着要出去工作，她说："哪怕赚5000元花5000元，起码自己是独立的，不用依赖老公。"

我说："你是中了什么蛊吗？家庭主妇也是一项职业，你老公很认可你为家庭的付出，很尊重你，而且你家里也不缺钱，干吗非得跑到职场上去证明自己的价值呢？每个人的能力不同，体现个人价值的方式也不同。有些女人可以在职场上做得风生水起，有些女人更善于经营家庭生活，能把各种关系平衡得当，让一家人的生活过得有滋有味。你明显就属于后者嘛！"

但是，她根本就听不进去，她觉得自己以后不能再做伸手要钱的家庭主妇了，这样会失去个人价值。于是，她就在一家零售连锁企业找了份分店管理的工作。随即，工作中的各种人际关系和工作压力让她焦头烂额，家里的保姆换了一个又一个，都不能让她满意。

到头来，她的工作、生活一团糟，夫妻关系也急剧恶化。她并没有因为经济独立，而找到自己的人生意义。

3

我们每个人一定要经常反省自己，无论是对自己的外表，还是对自己的能力，都要有一个客观的评估。我们要善于找准自己的战场，努力升级自己的武器。比如，如果你是一个擅长丛林突击战斗的人，就不要跑到平原上去直面别人的长枪短炮，那可真是白白浪费了自己的才能。

在职场中，女性有其独有的优势，比如更擅长沟通，更具备同理心。如果女性懂得利用这些以柔克刚的能力，在职场上就更容易获得成功。

但是现在很多女性却打扮得很中性，打着"女权"的旗号去跟男人对抗，让男人完全不把自己当女性看，被扣上强势、犀利的"女汉子"的帽子。其实这就是女性在内心歧视自己的女性性别，排斥女性的力量，从而逃避自己的战场。这也许并不影响她们成功，但是硬碰硬的战斗，可能会很艰苦。

一位艺人曾说过自己是演员里唱歌最好的，唱歌里主持最好的，主持里导演最好的，导演里书卖得最好的……虽然是玩笑话，但是一个人如果能找到自己独有的武器，无疑是最好的战略，无须拥有多重身份。

我常常会收到和个人形象相关的咨询，比如有的人会说："J小姐，我长得不好看，鼻子塌、脸大，没男生喜欢我……"

是的，外貌的确会让很多姑娘感到焦虑，但是沉迷于这种焦虑，自怨自艾，倒不如努力学习打扮自己，锻炼自己的身体，提高自己的气质，同时修炼自己的个性，打造自己的优势战场。

所以，亲爱的姑娘们，去找到自己的优势吧，不要盯着自己的短板不放。不要看别人鼻梁高挺，就去整鼻子；看到别人下巴尖，就去整下巴。

你应该看到自己的优势，比如说你虽然是塌鼻子、短下巴，但这样的自己是不是显得年轻又可爱呢？不要看自己长得成熟，就拼命把自己往可爱上打扮，而是要看看自己是不是更具备"大女主"的气场。

从现在开始,别再纠结自己的劣势了,而要拼命发现自己的优势。因为在错误的道路上狂奔,不如找到自己的战场。你要努力积蓄自己的能量,相信你一定能所向披靡,无所不能!

04　别人眼中的幸运，只有自己知道是理所当然

1

2010年7月盛夏，小芸把她的奶茶店托付给了男友，到苏州旅行。虽然苏州的小桥流水给这个北方姑娘带来了一丝温柔，但是闷热潮湿的天气还是让她难以适应。

她发信息给当时的男友：苏州比西安潮湿好多，但姑娘们的皮肤都超好，羡慕！

男友回复：我已经不爱你了。

小芸把手机揣回口袋时，被石阶绊了一下，重重地摔在了地上。她爬起来看看红肿的膝盖，对着石阶喃喃地说："既然你留我，我就不走了。"

2016年7月盛夏，小芸现在的男友突发奇想："亲爱的，带我去看看当初留下你的那个石阶吧。"

小芸牵着他的手来到平江路，指着一段石阶说："就是它啦。"

男友突然就摔了下去，没等小芸反应过来，他就"碰瓷"

一样翻过身斜躺在那里,从口袋里掏出一枚戒指向她求婚:"刚刚石阶告诉我,这么好的姑娘,我一定要娶回家!"

小芸抹了把眼泪,哭着说:"你就是想讹我!"

2

2009年3月,刘杨从东南大学毕业。学长邀请他来北京工作,女友跟着他来到了北京。他们分别租住在两个格子间里,这是由一套60平方米的房子隔出的五个格子间的两间。屋子里只有一张小床,没有窗户,没有热水。

看着女友因长湿疹而被抓得红肿的腿,他说:"我们很快就能换一个有阳光的房子了。"

那天,他下班到家时,已是深夜了,女友坐在楼道里,身旁堆满了行李,见到刘杨"哇"的一声就哭了:"我让房东装个热水器,他说不愿意住就走……刘杨,我们回家吧……"

刘杨执意要留下,而女友却走了,从此变成了前女友。

2016年5月,刘杨回老家参加妹妹的婚礼,前女友带着女儿坐在他旁边,说:"我知道你在北京发展得不错,但你也得结婚啊,你爸妈都急死了。"

刘杨尴尬地挤出一丝笑意,说:"缘分还没到吧。"

刘杨总会梦到前女友穿着校服,斜靠在他的肩头看书的情景，她的头发垂在他的脖子上，痒痒的……醒来后，他才发现那个陪他风雨兼程的人，早已经不在这座城市里了。

但是即使这样，他也不想回到老家那安逸的泥潭里。因为在那里，即使你不停地挪动双脚，依旧迈不出步来，没有施展自己才能的天地。

3

2011年10月，徐娅通过校招到上海工作。第一天上班，她提前了3个小时出门，穿过拥挤的人群，终于到了公司。当她想找个人打招呼时，却发现每个人的脸上都有异常锐利而冷漠的表情。

她打电话给闺密说："我想辞职回成都，这里的人感觉都不好相处，我想去吃火锅，都没人一起……"

"不开心那就回来吧，为什么要忍呢？"闺密对她说。

2016年10月，徐娅去南非出差3个月后，终于回国了。她的好朋友们手捧麻辣烫现身浦东机场，戏谑地对她说："快来尝尝熟悉的地沟油""南非的爷们儿不和胃口吧！"……

看着她们欢欣雀跃的模样，徐娅接过麻辣烫，说："开普敦的白人小伙儿帅着呢，要不是你们在这儿，我就不回来了！"

去火锅店的路上，徐娅绘声绘色地描述着从南非约翰内斯堡到开普敦的美景，以及在职场中遇到的糟心的人和事。

好朋友们一边狂按喇叭，一边叫嚣着说："你有一个没下限的智囊团，怕什么？"

徐娅笑出了眼泪，望向窗外依旧如故的"车水长龙"，她有了回家的感觉。

4

不管怎么样，后来的他们，都过上了自己想要的生活，成了外人眼里的幸运儿。可是，只有他们自己知道，自己究竟经历了什么艰难困苦，才有了现在的生活——一切都不是理所当然的。

虽然，城市的房价很高，给人的感觉是冰冷坚硬的，但是因为每一条街、每一个店铺、每一栋写字楼里，都有无数个满含热量的梦想，这些梦想把城市烧得热气腾腾。

我们是小芸，是刘杨，是徐娅，我们都要度过那些孤独袭来的漫漫长夜。我们都要背负着对亲人、爱人的歉疚，去经历无助、焦虑、沮丧、自我怀疑。不论我们所经历的是更好或是更糟，我们最终都会找到与这座城市相处的方式。

如果你在大城市里努力奋斗着，却还没有找寻到属于你的爱情或伙伴，没有获得你想要的生活，请别着急，你只是在路上,只要走下去就可以看到曙光!

无论如何,我们都要期待明天,就像角落里那株黯淡却茂盛的植物!

05　柴米油盐里，少女心是一种超能力

1

我们几个闺密计划去长滩岛旅行，小七说把莎拉也叫着一起。自从她结婚生子，我们好久没和她一起旅行了。

莎拉在结婚生子之前，是我和小七的旅行好搭档。我们曾因黄山下了第一场雪，就临时起意决定去看看。当时，我们被黄山云海升腾的美震撼了，相约以后要一起看遍世间的美好景色。

后来，莎拉结婚生子了，我和小七也开始了艰辛的创业历程，我们都没有时间到处玩了。

这次，我们连哄带骗，把莎拉拐去了长滩岛。一路上，飞机转乘大巴，继而坐轮船，我们终于到了酒店。

我们三个人订了一间房间，一进门，我和小七就兴奋地打开了阳台的门。窗外，椰子树的枝叶，伴随着海风朝窗子伸了进来，呼吸里满是自由惬意。我们大叫着对莎拉说："快来看，这里多适合咱们喝着啤酒闲扯啊！"

莎拉满脸疲惫地瘫在床上说："早知道这么折腾，我就不和

你们来了,我先去洗澡了,累死了!"

听了她的话,我和小七面面相觑。在我们的想象中,应该是这样的场景:我们和莎拉在阳台上喝着啤酒看日落,莎拉的头发在海风中微微飘荡,复古色的红唇很耀眼,她大笑时露出洁白整齐的牙齿,满脸写着对生活的热爱……

可是,她现在的样子,让我们很是扫兴。

2

第二天,我们准备出海,莎拉一打开行李箱我们都惊呆了,里面有牛仔短裤、暗色的T恤、洞洞拖鞋、中老年款防晒衣、睡衣似的长裙……

看到这些,我率先回过神儿来问莎拉:"你就带这些来的?"

"这些穿着可舒服了,现在臭美对我来说,可不如舒服重要!"

小七斜了莎拉一眼,抖了抖自己浮夸的红裙子,说:"我们穿这样的衣服,也没感觉不舒服啊,穿着它走在沙滩上,海风吹起火红的裙摆,真是又美又舒服。你看你带的衣服跟摆摊阿姨似的,拍照能好看吗?"

莎拉开始以"过来人"的身份,开启了"碎碎念"的模式:"等你们有了孩子就知道了,天天管孩子就筋疲力尽了,哪有工夫臭美呢!"

我和小七当然不服气——"拜托，我们自己办的'女性蜕变训练营'里的宝妈多了去了，个个还不都是又忙又美，再说女人爱美应该跟呼吸一样自然，还用当成一件费时费力的事吗？"

莎拉白了我们一眼说："等我有保姆了，我也能保证自己天天美！"

我和小七气得直抱肩，说："人家没保姆的宝妈，就别美了呗？再说你婆婆不也在帮你带孩子吗？"

"我自己有空了，当然要自己带啊，老人的很多育儿理念都太老旧了，等你们有了孩子就知道了。"

在接下来的旅程里，我和小七发出最多的声音就是"好美啊！""太棒了！""太好吃了！"而莎拉发出最多的声音就是"这有什么意思？""我宁愿在酒店待着！""这很一般啊！"

我们每天都在研究怎么放松自己，而莎拉每天都在担忧儿子是否安好，每天要和儿子视频说会儿话才安心。我们说："莎拉啊，根本不是你儿子离不开你，而是你离不开你儿子。现在你就把他当成了你的全部，将来他会非常痛苦的。你要知道，他离开了你的肚子，就是一个独立的个体，你和他都有自己的独立人格。"

莎拉说："你们还没做妈妈，是不会懂的！"

3

在长滩岛的最后一晚,我们几个坐在露天的酒吧里喝酒。酒吧的音乐很强劲,气氛很热烈,我们端着酒杯轻声讨论旁边的德国帅哥。

小七抢过莎拉捧着的椰子说:"莎拉,现在你都不用哺乳了,喝点儿酒呗!"

莎拉抢回椰子说:"我不比你们,我现在躁不动了!"

小七气愤地说:"你这样让我们很失望啊,你怎么从一个独立的、文艺的女青年,变得这么絮叨,对生活没有一点儿激情和热爱了呢?开口闭口都是老公、儿子、婆媳关系,一说话就是'我也不想,但是没办法',我问你,你到底哪些是你没办法的?肥肉不能减吗?老公不能调教吗?关系不能梳理吗?你出来都出来了,就不能开心点儿吗?你什么都不做,默认生完孩子的女人,都这样对生活没有激情,可现实中谁跟你一样呢?"

"我告诉你,我才不会像你这样,我才不会只给孩子肤浅的关爱,我会让自己的生活生动多彩,让我的孩子看到我对生活的热爱,和自己所付出的努力,这样我的孩子才会有勇气乘风破浪,才能相信自己可以挑战所有困难,跳出很多限制,而不是只会说'我没办法'……"

我拽了拽小七的衣角,对她说:"你喝多了吧,话说得那么多,有啥疗效啊?"

看着沉默的莎拉,我说:"现在,你陷入到了自己理所当然的生活中,就永远看不到生活的全貌。你已经从原来的优雅知性,变得面部下垂、嘴角下压,长出了你曾经最怕的'妇人相'。"

说着,我翻出手机里给莎拉拍的照片,继续说:"看到了吗?即使不看脸,看到你的背影了吗?看到你的体态了吗?塌腰驼背,是一副畏缩的、被生活压迫得不堪重负的样子,精神气儿都灭了,你能给孩子什么?"

看到莎拉的眼圈红了,我拍拍她的肩膀说:"莎拉,虽然我们没有孩子,但是我们在拼命地创业啊,谁也不比谁轻松……我们能做的就是勇敢,就是不服气,就是即便哭一场最终还是会笑出来!因为明天充满了希望,我们都热爱生活,所以别把日子过死了。每一道乌云,都是镶着金边的……"

4

音乐越来越强劲,气氛很high(高涨),我们拉起莎拉说:"来吧,找回曾经那个热舞girl(女孩)!"

莎拉跟着音乐缓慢地晃动了几下,然后越来越有节奏地跳起来了。在光影、音乐和海浪声里,莎拉慢慢地昂起头,脸上仿佛出现亮亮的光圈,那久违的神采又重现了。

在回来之前，莎拉剪了头发，在免税店买了3支颜色非常热烈的口红。我们隐隐地觉得那场热血的狂舞，唤醒了莎拉沉睡的自我，她就要变得厉害起来了。

亲爱的朋友，也许你现在已经为人妻、为人母，也许你已经走向了暮年，在生活的柴米油盐里，你或许已经变得邋遢、懈怠。但我希望，你能重拾那个年少轻狂、勇敢奔向明天的自己，依然拥有一颗少女心，对世间的一切都保持好奇心，只有这样，你才能无所不能。

如果你的闺密因为结婚生子，而放弃了自我，变得喜欢抱怨琐碎的日常，我希望你能告诉她：我喜欢的你，并不会因为有了孩子就回不来了！愿你能披着暮霭的光芒，归来！

06　对不起，我不活在你给我的人设里

1

3年前，小春的女儿被确诊为自闭症。她辞了职，带孩子到世界各地治疗、训练，她说这几年的生活虽然辛苦，但是她的眼界和心态越来越好了。

上周，她去参加同学聚会，穿了一条得体的无袖小黑裙，露出紧实的手臂和修长的小腿线条，配上利落的齐耳短发和精致的妆容，亲切地和同学们打招呼、叙旧。

同学都说她越来越好看了，也问了下孩子的情况，她回答说还好，同学们就没有深问下去，转而投入到青葱岁月的回忆中去了。

聚会快结束的时候，她在卫生间听到两位女同学说："小春心真是大，家里孩子都得了自闭症，还有心思把自己收拾得花枝招展的！"

"是啊，你看她那皮肤，一看就是常去美容院，也不为孩子多考虑考虑，治疗自闭症很费钱的。"

"听说她孩子还被幼儿园拒收了,换作我,聚会我都没心情来啊,估计她和老公是打算再要一个,这个孩子就这样了吧。"

她跟我说这些的时候,我愤愤地说:"你没出去回击她们两句啊,人遇到不幸就该愁眉苦脸、半死不活吗?"

她淡淡地说:"我等她们彻底离开了才出去,怕她们尴尬。其实她们也没什么恶意,只是,我不能活在她们给我的人设里啊。"

2

看着她挺直地坐在对面,一侧头发顺滑地垂到脸旁,面容平和,耐心地给微烫的咖啡吹着气,我忽然热泪盈眶。

没有人知道发生在她身上的故事,没人明白她所经历的苦楚。因为孩子得了这样的病,她老公想再要一个健康的孩子,但她坚决不同意,半年前就选择了离婚。随后,她把房子卖了,换了套小公寓,靠自己的外语能力接一些出版社的书稿翻译、传译工作,勉强维持家庭开销。

她的父母也很不理解她,再生一个孩子怎么了?家庭也没了,一个女人带着个病儿,今后日子怎么过?

她抿了口咖啡说:"其实,做爸爸的和做妈妈的不一样,宝宝在我肚子里手舞足蹈的共生感,爸爸是体会不了的。再生一个是没什么,但是我给女儿的关爱一定会减少的。你不知道,当我看到女儿拿着自己的小手帕,把我的高跟鞋擦得锃亮的时候,我哭了好久。我发誓要好好照顾自己,拼命活得久一点,最好能看着她先走。"

她现在每天都健身、护肤、阅读、翻译,时不时地调整一下家具的摆设,变换一下格局,添置些小物件。

她会给女儿做色香味俱全的美味饭食。每天都会把女儿和自己打扮得美美的再出门,去看看美好的世界,去看看那些体现了满满的生活热情的手工艺品。

她说,她想把生活的所有美好都摊在女儿面前。总有一天,女儿会发现——生活值得热爱!

3

在这样处境下的女人,很多人给她的人设是终日以泪洗面的怨妇,不能有光芒,不能有力量,不能有快乐。最好看起来连个人样儿都没有,这样才配得上她拥有的苦难。

可是,她偏打破了这样的预设——她光鲜亮丽、挺拔昂扬,从来没有放弃对美好生活的追求。她每一天都在认真地生活,她说女儿虽然什么都不懂,但是相信能量是种永恒的存在,她对生活的爱一定会传递给女儿，总有一天女儿可以张开双臂拥抱生活……

我也相信，一定会的！

我们都避免不了下意识地去给别人设置一个人设，经常说"看起来像""看起来不像呀"，但是我们都知道那只是自己的以为、自己给别人的人设。不能因为这个人没有符合你设定中的样子，就开始怀疑或者攻击。

像乔欣演了电视剧《欢乐颂》的乖乖女形象后，一大群人不可自拔地把关关的人设套给她。她在某真人秀节目说了一句不该说的话，就被铺天盖地的网络留言攻击，喊着把乖乖女关关还回来。

吴越成功塑造了电视剧《我的前半生》中的小三凌玲的形象，被网友骂得把微博评论都关了。

我特别想知道，这种把角色的人设硬生生套给演员的人，他们在生活里过得好吗？

4

有个高知、高收入的海归女精英，在朋友圈发了她参加形体训练的笔记，分享一些穿搭心得和形体矫正的成果。

有人在下面给她留言："我一直觉得你是个很'高大上'的

人，学习的应该都是些高大上的知识，完全想不到你会花钱、花时间用在纠正驼背和学习化妆打扮上……"

她觉得十分莫名其妙——"什么是高大上的知识？知识都有高低贵贱了？按她给的人设，我就该又宅又土又学究？对不起，我并不是，我会挺拔昂扬、衣着得体，又有品位。"

我有个很有钱的朋友，有一次给几个同事带了咖啡，顺手在微信里发起了AA（按人头平均分担账单）收款。他同事背后说："没想到他那么有钱，还那么小气，一杯咖啡才20多块钱，他也要？"

他问我："是不是我真的有点儿小气了，请同事喝几杯咖啡而已。但在国外生活习惯了，我就下意识地发起AA了。"

我回答说："我一直觉得想当然地给别人设置人设，是一件很不可思议的事，别人凭什么非要按照你设置的人设生活呢？更不可思议的是，一些人居然主动地往别人给的人设里钻。"

5

我在喜马拉雅APP（应用程序）开的一档美妆课程《穿搭有术》里，曾经说过一个稍微过火的词。于是就有用户在下面留言说：作为一个女神，你说出这样的低俗的词，对你好失望。

这表明在生活里，他总是不由自主给别人设置人设，事事不如意。说明他在生活里该有多少失望啊！我们必须知道，人不是平面，是立体的，接受别人和你想的不一样，是一件成年人必须学会的事！

有太多看起来柔弱软绵的姑娘，能在遭遇挫折时坚韧倔强；也有太多看起来强势独立的姑娘，在夜深人静时低头啜泣。每个人都有自己的坚持和信念，每个人也有自己的恐惧、憎恨和慌张；每个人都在努力地把自己的生活过得更好，而不是过得更像谁给的人设。

曾经，我听一个姑娘说自己收入低，但是喜欢旅游，经常省吃俭用，攒钱出去玩，同事背后说她"穷嘚瑟"，她就再也没出去过玩过；一个平时雷厉风行的姑娘在跟男朋友打电话时撒娇，被人说不符合人设，好恶心，她就再没在人前打电话撒娇了……

我忽然觉得，如果我们把在乎别人的眼光，换成"要你管""管得着""管他呢"，我们的幸福指数一定会提升很多。

亲爱的姑娘们，你一定要在心里坚定地对自己说：**我没你想的那么柔弱，也没你想的那么刚强；没你想的那么天真，也没你想的那么成熟；没你想的那么好欺负，也没你想的那么刀**

枪不入。

我只是在认真地生活、认真地爱、认真地让自己内心丰盈有趣。

我都不知道在明天醒来时,我会变成多好的自己,你更不能预料!

07 别把想要当成需要

1

我一个女性朋友卖了苏州的房子，去云南大理追求她的文艺梦想去了。

她说，她要去大理开一家精致的小店，看阳光斑驳的古城，遇见安逸的行人和猫，偶尔写写字，跟来往的游客聊聊见闻，听听他们的故事，余生就那么闲散慵懒地过下去。多么美好的生活啊！

她跟我坚定又充满憧憬地描述这一切的时候，我有种想哭的冲动，发自内心地佩服她——她敢于放弃自己高收入又高压的工作，有勇气去追求自己想要的生活。

送别的时候，她跟我说："以后我们可能不会常联系了，但我会把有关你的一切都写下来，寄给你看。"

我有点黯然神伤，对她说："等我有空了，去大理找你！"

她笑容发光说："只要你想来，就能空出时间来，没那么多身不由己。"

2

我以为再见她时，会是在大理的某家小店里。但万万没想到的是，4个月以后，我们的相遇地点居然在苏州火车站。

她拖着疲惫的身体，黯淡的脸上挤出一丝笑容，对我说："我终于知道了什么是理想很丰满，现实很骨感。"

她说："理想存在于你的想象之中时，你会不停地去美化它。当你越是得不到，你的愿望就会越强烈，继而继续美化它。而等你真的实现它的时候，也许等着你的，就是死水一般的无聊。"

然后，我听她描述了这4个月在大理生活的种种：住有老鼠的房间，经常停电，吃着吃不惯的食物，遇见沟通不了的人，等等。

思考良久之后，我忍不住问了她一句："这会不会并不是理想和现实的问题，而是你根本不知道自己内心真实的需求是什么。你以为那是你毕生想要追求的生活状态，其实你只是对现状不满，需要的仅仅是短暂地休息一下。这种情况，只要去度个假就能解决问题了，何必把它当成一种人生呢？"

3

很多事，我们做不成功，坚持不下来，其实是因为我们内心并不是真正需要它。我们仅仅是为了满足自己的好奇心，或者缓解焦虑。

我们应该走到自己的内心深处去看一看，你现在为之沉迷的，是内心深处最真实的渴望吗？那个你深爱的人，你确定不是因为自己需要陪伴和照顾，才没有离开他？那个准备开始创业的你，确定不是只想逃离无聊的职场？

有很多事情，只有你在内心真正地渴求，才会催化你拥有去实现它的力量。

你在微信朋友圈里转发的健身减肥的方法，99%都没有甩开胳膊做过；你转发的旅游攻略，99%都不会背上包出去看看；你转发的哲理文章，99%都不会去践行；转发的"精致生活需要断舍离"文章，99%的多余东西你都没扔过……

那个只存在于你渴望里的身材窈窕、文艺洒脱、生活精致美好的自己，还在原地捧着手机一动没动过。

所以，你当时以为的真实需求，都是真的吗？

别把想要，当成需要。

08　你烦恼多，是因为你格局太小了

1

表弟带着他新交的女朋友，找我一起吃饭。姑娘青春貌美，有一双漂亮的大长腿，我心想我表弟还真是艳福不浅。

姑娘很活泼，吃饭的时候，一直跟我表弟打打闹闹，疯狂给我"撒狗粮"。这欢快的场景，直到一块菠萝滑落在她的裸粉色裙子上，留下了一条曲线污渍而戛然而止。姑娘眉头紧皱，感觉快哭了，她的嘴里嘟囔着"好烦啊""好倒霉啊"。

表弟赶紧拆开湿纸巾帮她擦，她恼怒地甩开了表弟的手，大声地说："你有没有常识啊，这样会越擦越脏的。"

我安慰她说："没关系的，现在的洗衣液去污能力很强的，我上次在一个饭局上洒了一身调味酱油，回去一洗就掉了。"

姑娘没好气地说："但是现在要见人的啊，脏死了，丑死了……"

这顿饭的下半场，姑娘全程板脸，表弟逗她，她也不搭话，时不时看一眼自己裙子上的污渍，眉头紧锁、嘴角下垂，连食

欲都没有了。

她对表弟说:"吃完,你就送我回家吧,我不想去看电影了,没心情。"

表弟有点儿不耐烦地说:"不就是衣服脏了吗,至于吗,一会吃完买一件换下来好了,又不是什么大不了的事儿。"

姑娘顿时提高了分贝:"再买一件?你能给我买到一件一模一样的吗?你就是从不考虑我的感受……"

我完全不懂姑娘的逻辑,但是我估计他们撑不过一个月就会分手。因为像我表弟这种颜值高,又自诩为精英的男生,是不愿意承受女孩的过高情绪值的。而这个女孩的情绪值显然太高了,生活中那些不值一提的小失误,都成了她的大烦恼。

2

我曾经屏蔽了一位女同事的微信朋友圈,因为只要刷到她,你就会看到"今天真是倒霉""最近真是点儿背""好烦啊,太气人了""怎么会有这样的人,这世界怎么了""人活着真累了"……这样消极的言论。

而背后发生的事情基本都是一些小事件——堵车了,点的菜不好吃,走路被人撞了一下,服务员态度差,新买的衣服洗了掉色,刚买完的东西就打折了,孩子要喊上半天才起床,紧赶慢赶上班却迟到了一分钟，约好了朋友被"放鸽子"……

这些生活中的琐碎小事，每个人都能遇到，如果连这些无关痛痒的小事都无力脱身，那人生还有精力去奋斗、去感受幸福、去爱、去体验未知吗？

如果你总感受到负能量，并传播负能量，可能就触发了负面的连锁反应。

我一个朋友在办公室里摔坏了手机屏幕，觉得好倒霉；接着开车的时候，在转弯时不小心剐蹭到了路边停的车，感觉很恼火；回家后她的这种情绪还未消散，对老公提前回家做的饭菜各种挑剔，导致两人大吵一架，甚至上升到了闹离婚的地步……

而正能量也是会触发正面的连锁效应的。前几天，我们七个朋友一起去黄山景区游玩，本来安排好了行程和出发时间，结果一上高速公路就堵车了，高速上的车纹丝不动。很多司机和乘客都下了车，满脸焦虑地走来走去。

我们就搬出了音响，放着超大声的音乐，开启了群魔乱舞模式，我还开了直播。很多网友说"真羡慕你们，能在高速上蹦迪""哟哟哟，超酷哦！"

我们的行为也感染了旁边那些焦灼等待的人，有一个大姐还拉着老公跑过来和我们蹦了一会儿。

堵了4个小时后，我们赶到目的地。当我们下车的时候，看到夕阳下的美丽的黄山,那光线变幻的美景非常令人赏心悦目。如果我们提早到了,就看不到夕阳下这座古镇的样貌了。

3

我的一个阿姨去年遇到了人生的大危机——她遭遇了商业诈骗,损失了全部身家。而她却豁达地说:"人生总不能太圆满,晚年有点波折也是正常的。"

其实在我看来,她这一生波折太多了。年轻的时候穷困潦倒,拖家带口到城市里打拼,在冰天雪地里摆摊做生意,经过很多年的艰苦奋斗,才有了现在的家业。

可是她却那么淡定从容,不放弃对生活的希望。在一无所有后,已经快60岁的她,找了一个小门店准备做点小生意。虽然她再也没有机会在商业上东山再起了,但是这种积极的心态,会让她继续拥有美好的人生,感受到的幸福也许从来不会变。

有些人总是把"完了完了""出大事了"挂在嘴边,其实根本没有发生什么严重的事,往往就是洒了杯水,开车走错了路而已。

我对这种口头禅的理解是:它并不是只是一句口头禅,它代表了内心的平静程度和承受能力。一个坦然自若的人是不会这样一惊一乍的。人生中需要动用你大量精力去化解的事,其实真的寥寥无几。

我想我们常说的"大气",就是遇事宠辱不惊。像表弟的女朋友那种菠萝滑落到裙子上,就没兴致继续吃的人,遇到大事时肯定承受不了。她把"全世界都可能一不小心惹到我"这句话明明白白地写在了脸上,并暗示别人"不要跟我一起玩,你不会感到愉快的!"

烦恼的阈值越高,幸福感才越高,才会过得越好,更能拥有泰然自若面对生活的勇气。而那些烦恼很多的人,实际上是格局太小了,他们不能全方位地应对生活的琐碎,只能用抱怨来抚平内心的躁郁。

Part 2

**从现在开始，
爱要留给自己**

01　有能力爱自己，有余力爱别人

1

我的一位朋友是畅销书作家，是个温文尔雅的绅士。

然而，他却经常在我面前秀恩爱，说："出版社催稿的手段都不如我老婆，你要是不写完，她就胡乱给你接着往下写，脑洞很大，写得既清新又狗血，一言难尽啊！"他看似在吐槽自己的夫人，其实满脸幸福。

他们俩在结婚之前，各自就过得丰盛美好——他满世界游学，她则喜欢到处徒步旅行。两个人结合后，就进入了对方的世界，把彼此当成向导，每天都有新的惊喜。

无独有偶，日本的一对夫妇也像我朋友那样，过着有趣又美好的二人生活。丈夫照着自己家的爱猫，随手画了个猫金刚的草图，就被搞机械的媳妇做成了成品。可以想见，这两个人在结合前，肯定也是有趣的人，他们都有独自活得丰盛美好的能力。

很多人可能觉得"一个人挺好"是一句自我安慰的话，但其实拥有独处的能力，在独处中找到自己，才能与全世界相爱，才能找到能幸福地过一辈子的人。

2

我没事宅在家时，会认真地收拾屋子。看到家里焕然一新、干净整洁，我的内心就充满了愉悦。有时我也会换上宽松舒适的家居服，点上熏香，放点音乐，窝在沙发上逗逗猫、看看书，随性而惬意。

如果我精心地化个妆，弄好头发，穿上得体的衣服，蹬上高跟鞋去听一个人滔滔不绝地给我讲他无聊的奋斗史，再时不时接个电话、刷刷手机里无聊的娱乐新闻，这无疑是浪费时间，倒不如在家看书，提升自己的能力。

也有人会酸溜溜地说："一个人那么好，还找什么对象啊？"

人们总爱比哪个好，哪个不好，哪个是对的，哪个是错的，而不问自己到底想要什么。我始终认为爱情是很美好的，但它应该是锦上添花，而不是雪中送炭，我们不应该强求。

在遇见爱情之前，我们自己要过得很好，积极乐观地探索这个世界，不断地自我成长，拓展自己的认知边界。等他来时，你们彼此敞开，一起探索未知，感受生活里的多种样貌，彼此扶持陪伴，那一定是一件非常美好的事情。

3

所以，在我们想要的爱情还没来之前，我们一定要把自己过成自己想要的样子，而不是始终被选择。因为平凡如你，好看的皮囊嫌你丑，有趣的灵魂嫌你俗。你要为自己建造一个丰富多彩的世界，才能保持高能量的连接能力，去吸引那些和你同频的人。

有很多姑娘不会独处，总是陷入一段又一段低质量的感情中无法脱身。她们说自己根本不能有空窗期，一个人太孤独了。这个问题深究起来，就涉及心理成因了，但归根结底，还是她没有独立完整的自我，没有学会先爱自己，把自己的日子过得风生水起，再顺其自然地找到自己和自己同频的人。

我们理解的独立，往往是自给自足。其实真正的独立，就是有搭建好自己全部生活的能力——能照顾好自己的身体，也能照顾好自己的心灵。不对自己犯过的错误念念不忘；不照着镜子恶意攻击自己，觉得自己哪里都不好；不要不敢去实践自己的想法，不要总是陷入只反思不行动的泥沼；不要总是觉得时间来不及了，用年龄给自己压力；也不要轻易地说自己不行，否认自己的能力。

你一定要认可、接纳自己的不完美，对自己宽容，允许自己成长，不断地学习，用知识拓展认知的边界。

当你的认知边界被逐渐扩大以后，你的整个眼界会变得大起来。你曾经以为女孩子是花，靠着娇艳吸引蝴蝶；现在你会发现自己变成了一棵会开花的树，有强有力的根去抓住土地，驱动自己成长、向上。

当你枝繁叶茂的时候，将不惧风雨，满树花开，树上有美丽的蝴蝶、蜜蜂和鸟，树下还有等你的人！

02　长得漂亮是优势，活得漂亮才是本事

27岁以前，我是个思想极度匮乏，自我意识很差的人。

那时，我的世界里只有两件事：变好看和沉迷爱情。我会因为爱情选择学校和专业，因为爱情远走异国他乡，因为爱情重新择业，因为爱情变得歇斯底里，因为爱情换城市、换工作……

在那几年里，我把自己活成一只寄居蟹——躲在重重的壳里，不知道自己的价值，只能通过任性来获取安全感。

我以为"好看"是自己手握的一张王牌，尽管我有着较高的智商和学习能力，却从未想过要创造点什么；重视感情，却反而把感情经营得一塌糊涂。

后来，我终于意识到了自己的愚蠢，开始不停地反省自我，并和很多优秀的姑娘交流，学习她们的成功方法。当我的自我意识开始慢慢觉醒，一点点设计自己的生活蓝图，并改变自己时，我才慢慢变成了自己喜欢的样子，才有今天能和大家分享自己故事的J小姐。

这个漫长的过程，不做赘述。下面，我想讲一下在和很多优秀姑娘的相处过程中，我的一些观察和体会。

我总结出了7条建议，希望能给大家带来一些思考，释放自己的生命能量，让自己的生活发光：

一、像管理企业一样，制订自己世界的规则。

在自我认知的基础上，每个人都会构建一个自己的世界，这个世界要有秩序，才能保障你快速成长和迭代。

请不要在大脑中想象这个世界，要拿出纸和笔来制订这个世界的规则。把你的世界分为几个区域：生活、工作、情感、关系、兴趣，等等，每个区域都要设置它的安全区、警惕区、危险区，然后严格地遵守它，这样别人也会尊重你的规则。

拿我自己举例：

我设置的安全区就是我最核心的情感需求——这个人真诚质朴，就可以继续发展两个人的关系；

警惕区——我觉得对方有单点优势吸引我，但是却没有给我真诚质朴的感受，就要引起警惕，防止沉迷；

危险区——绝不踏入任何危险关系之中，时刻提醒自己不要破坏自己设定的规则。

在这个过程中，你会和自己深度对话，会全盘地思考自己的人生。一开始你可能只会写出几条宽泛的规则，慢慢地，你就会细化它，感受到经营自己的生活的乐趣。你也会因为有了规则，而变成有存在感和重量的人。

二、隔一段时间就要"断舍离"一次。

对于"断舍离"的生活方式，我相信大家一点都不会陌生。我一直觉得有些东西虽然是无形的，比如人、物、关系，但都会缠绕我们，让我们的世界过载和拥堵，就像家里堆积了太多垃圾一样。

所以，我会定期清理衣柜、鞋柜和家里的零碎物品，让所有留下的物品都是自己所需的。清理自己的通讯录、储存的知识，以及一些若即若离、不冷不热的关系。

自我世界规则以外的一切人和事，该删、该断的，要果断地做出抉择。当你清空了一切累赘，你就会有如释重负的感觉，好像能随时奔跑跳跃、勇往直前。

在整理时，你一定要舍得，无用的东西千万不能留。想象一下，你要移民火星了，携带的每个东西都要昂贵的运费，你要带哪些上船呢？

三、像戒烟一样戒抱怨和纠结。

生活中总会有很多事情让我们不如意，我们难免产生坏情绪。但是坏情绪来了，我们一定不要沉迷太久，要想办法解决，或者丢在一边继续向前走，走远了你就会发现它们消失了。

千万不要停下来抱怨，不要一遍一遍地跟别人倾诉自己的遭遇。外界的意见会像滚雪球一样，让抱怨滚成巨大的负能量侵蚀自己。

纠结是一种很有腐蚀性的情绪，能把很多体验变差。要力戒纠结，就要先从一些小事入手，比如不要去反反复复验证一些无足轻重的事情，买过的东西不要去比价，需要的东西不要犹豫，不需要的东西不要买，有意义的事情不要拖延，等等。

当你习惯了做事干脆利索，为自己的行为买单，你的抱怨也就会慢慢消失。

四、像投资人一样评估自己的投入和收益。

不知道大家了不了解"投资人"这个职业。要成为一个优秀的投资人，要分析很多不同阶段的创业项目，在投资过程中，需要专注于自己擅长的领域，去研究，去做决策。

我们每个人，都是自己的投资人，管理着自己的时间账户、精力账户、情感账户和金钱账户。该怎么投资才能让收益更高，需要我们认真评估。

投资领域：我们要在自己擅长的领域做投资，比如你擅长社交，你就要找一个靠社交产出收益的工作，这样你为这项工作投入的时间和精力，就会比投到其他地方，获得更多的收益。

投资结算：目前，我们仅仅对金钱账户有投入和产出的意识，其实每个账户我们都要定期做结算。你要经常计算自己投入了多少单位的时间和精力，产出了多少收益。比如你花了两个小时看电影或打游戏，哪个会产出更多的愉快体验，哪个让你有更多精神享受，其实不言而喻。

投资成本评估：比如你花了3000元在50个小时内学习了一项技能，得到的不仅仅是学会了这项技能，还能通过学习收获一群志同道合的好友，将来也可以靠它获得更高的薪资回报。

如果你想节约金钱成本，可以自学，虽然自学会获得相同效果，但是却要多付出100倍的时间成本。如果你想节约时间成本，你会发现时间成本与金钱直接挂钩，想要在短时间内学会一项技能，就要付出更多的金钱成本。这样你就会根据自己所持有的账户，做出投资选择了。

如果你养成了把你投入的任何成本，都做一个评估的思维习惯，就不会迷失于一段糟糕的感情，拖延必须要做的事情，也会懂得及时止损，这样你会跑赢更多人。

五、像重视脸一样重视自己的形体和表情。

现在，很多姑娘越来越重视自己的颜值了，所以整形机构门庭若市。我认为对女性来说，比整容更迫切的，是调整好自己的"形"和"态"。

一个塌腰驼背、眉头紧锁的盛世美女，和一个挺拔昂扬、面容舒展的中等颜值女孩站在一起，可能后者给我们传递的美感会更多一些。

一个人的颜值固然会对我们的视觉产生巨大的冲击，但如果没有良好的"形"和"态"，就会感觉她没有精气神儿，气质就会大大减弱。

所以姑娘们，不要对着镜子纠结自己的五官缺点了，要多看看玻璃墙上自己的倩影，那就是我们印刻在别人心中的样子。当你的身姿挺拔，就会高出两厘米，两厘米的世界有不一样的美景。

六、像孩子一样永葆生机，热爱生活。

当你对任何事都打不起精神，会给这个世界传递"衰"的意念，就容易被人欺负。所以任何时候，你都要保持旺盛的生命力，要眼神闪亮，体魄强健，对任何事物都保持好奇之心。

要培养健康、有趣的生活方式，哪怕从小区捡几片树叶夹在书里做标本，在午后把手机丢在一边，读一本没有功利性的书籍，甚至观察蚂蚁搬家，你也会觉得处处都有有意义的事，不再有"无聊"的感受。

当你又重新焕发生机的时候，就会有强大的气场扭曲力去重构你的世界。

七、像美食家一样重新认识食物。

现在有很多姑娘乐于当个"吃货"，还觉得挺萌、挺可爱的。能吃，好像再也不是贬义词了，"大胃王"直播吃饭，也日益受到了大众的追捧。

美食是生命的亮光，你要感受到食物的美好，而不仅仅为了果腹，更不要仅仅为了有个人设——"可爱的吃货"。

我认识一个很厉害的姐姐，她吃饭从不挑食，任何做法的食物都会品尝，但是从不多吃。她说："吃东西本来就是种体验，而不是为了果腹。我们的生活水平早都过了温饱阶段，不能再对食物像动物一样没有节制了。"

当我们不放纵自己对食物的本能时，就能延长食物与味蕾缠绕的美感，满足于食物带给我们的享受，这过程其实充满了禅意。

当我们与食物的相处方式改变了，会发现好吃的食物，不仅仅是麻辣的刺激，还有各种丰富多彩的味道。也因此，我们会重新认识自己的生活，改变自己的饮食习惯和品位。

以上就是我给姑娘们的 7 条建议。虽然没有捷径和细致的行动指南，但你要有懂得改变自己的观念。

虽然一个人的皮囊很重要，但是最重要的是她能否活得漂亮，长得漂亮是优势，活得漂亮才是本事。从爱自己出发，做个自律、积极乐观、有头脑的姑娘，这样，我们就会从内开始绽放自己的生命能量，在人群中自发光！

03 当你不再唯爱是从,全世界都会为你让路

1

银子"被分手"了。男朋友打电话跟她说:"银子,我想找个能减轻我的负担的人,你知道的,我压力也很大……"

因为和男朋友分手,银子哭得歇斯底里,地上满是纸巾。看着她哭,我们几个闺密站在旁边特别局促不安,互相看了几眼,就觉得头皮开始发麻。

按照银子以往分手的情况推断,这次她至少要堕落、放纵一个月。未来的一个月,她会三更半夜不睡觉,拉着我们去大马路上看路灯抒情,会毫无防备地敲我们家的门失声痛哭,会大把大把地掉头发,会眼圈深陷,无精打采……

但两天后再见她时,却让我大跌眼镜。她的眼睛才刚刚消肿,就拉着我参加了一个饭局,打扮得很美,在饭局上谈笑风生。

我没吃几口,只顾着观察银子了,心想她是不是得了创伤后应激综合征,现在的笑,不过是自我麻痹,强颜欢笑罢了?

直到她跟一个传媒大佬聊自己的多媒体矩阵项目,笑得连后槽牙都看到了,我才定了心:这就是银子,她真的很高兴,不是装的!

我在闺密群里说:"银子这种又作、又闹、又喜欢自我折磨的人,分手第二天就能恢复过来,满脸写着'我最爱赚钱',连分手仪式都不重视了,这个社会完了……"

2

接着,萱萱在群里分享了她一个哥们儿和女朋友分手的事。他跟女朋友提出分手后,女朋友当时就哭得稀里哗啦的,说心好痛、好难过。

结果第二天,他就看到女朋友跟几个姐妹在一家酸菜鱼门口排队,还开心地比画着自己新做的、闪闪发光的美甲。

萱萱那哥们儿愤愤地说:"我女朋友平时被领导批评了一顿,就没胃口吃饭,现在分个手却跟没事人一样,真气人啊!"

萱萱对他说:"被领导批一顿吃不下饭,那影响赚钱了啊,能不上火吗?难道你还以为现在的姑娘都把爱情当身家性命吗?爱情不是女孩子生命中唯一重要的事,好好生活、好好赚钱就是我们的目标。"

3

我们公司的一个小姑娘，因为男朋友不满她在创业公司无节制地加班，节假日也错开放假，就要求她辞职。

小姑娘拼命跟男朋友撒娇说："这个工作，真的让我超有成就感，可以帮助很多姑娘变美，我超级欢喜……熬过一年就不会这么忙了……再说你不也很忙嘛……"

男朋友斩钉截铁地说："就因为我忙，才不想找个太忙的女朋友，女人稳定一点不好吗？你要么辞职，要么分手，自己好好考虑吧。"

小姑娘和男朋友沟通了好几次，男朋友都很坚决，最后她只能选择分手。

早上上班的时候，她的眼睛肿肿的，告诉我们下午去帮她搬家，我们全程大气都不敢喘，就怕哪个呼吸声戳中了她的泪点。

结果搬好了家，她第二天就欢天喜地地约了一个同事去逛宜家了，买了点花花草草，满血复活。

她前男友打电话说要跟她吃个分手饭，小姑娘说："没必要，分手还搞个仪式，浪费时间呢！"

作为一个已婚妇女，我们公司的CEO（首席执行官）叹气说："现在的90后小姑娘真不一样，我那时候失个恋，要死要活的……"

4

很多人会认为,像银子,像我们公司小姑娘这种女孩,能在失恋中快速抽身的,肯定是爱得不深。

其实不然。银子和男友恋爱一年,经常为了给男友一点儿惊喜绞尽脑汁;她给收入不高的男友省钱,又照顾他自尊,假装不想要那套有点儿小贵的化妆品,过后自己又偷偷买回来;男友忘记了重要节日,她不作不闹,还会心疼男友工作又忙又累。

我们公司的小姑娘和男友在大学时,就开始谈恋爱了,男友的胃不好,她在宿舍偷偷用锅煮小米粥给他,坚持了三年;为了经常见到男友,她把自己的房子租在了男友家附近,横穿半个苏州来上班,毫无怨言。

在爱一个人的时候,她们都全身心地投入,深沉热烈。但是在接受已经分手的事实后,她们都会毅然地投入到生命的下一个阶段,丝毫都不沉迷于以往的痛苦。

银子说:"我们有过花好月圆、你侬我侬的时刻,骂他其实毫无意义。人生的车轮在一直向前走,我只有努力把自己送到更高的平台上去,才会有更多更好的选择。"

小姑娘说:"当我意识到他自私地希望我没有自己的追

求、爱好、成就，只能支持他的梦想时，我想我也没什么留恋的。我这一生也许没什么野心，却从不想只做别人生活的一部分。"

5

当我和CEO讨论说"现在的姑娘怎么变成这样了，失恋了，擦干眼泪就能向前跑"的时候，我们内心是无比兴奋的。**现在的女人不再唯爱是从了，她们能在爱时温柔缱绻、毫无保留，也能在失去时利落前行，不纠缠，不缅怀。**

小姑娘失恋的时候，我们曾安慰她说："你一定会找到一个欣赏你、支持你的人。"

其实我们知道，即使她暂时遇不到，又有什么关系呢？她工作依然努力，生活依然充实，日子依然美好。没有什么是完美的，失去爱情也是一种带着美好期待的残缺，我们接受，但不焦虑。我们不陷入对过去的缅怀中，也不沉迷于对未来的幻想中，过好当下的每一天就好！

我相信能在这个世界过得幸福的人，就是这类又忙又美又狠的姑娘。她们知道生活所有的真相，却依然接受它、热爱它，而不靠爱情支撑自己的精神世界。她们会直面自己内心真实的渴望，当机立断，快速满血复活！

而那些总是纠结，在失去爱情后醉生梦死、避世不前的姑娘，只会将这个世界拱手相让。

亲爱的姑娘们，你们要忌纠结、忌焦虑、忌浪费时间、忌被情绪左右。你们要乐观、投入，要相信只要活着，就能遇到更多好事，要敢爱而不恨，热爱当下的每一天，让全世界为你让路！

04 你对自己多看重，别人对你才有多尊重

1

某个周末，我和几个好久没见的朋友约了晚饭。结果，我们三个女人在吃饭的时候，听铃兰讲她遇到过的各种奇葩坏男人，听到了半夜。

到了散会的点，铃兰说："到我家去住吧，我家就在附近，正好陪陪我。"

其实，我不喜欢住在别人家里，怕打扰别人，但是看铃兰心情沮丧的样子，我还是点点头同意了。

铃兰家境殷实，父母怕她外地找对象有困难，老早就给她买好了房子、车子，就盼她能找个如意郎君。

到了铃兰家门口，她边输入密码，边自嘲地说："我这密码改了五六次了，每失恋一次换一次，家里好久都没收拾了，别介意哦。"

虽然我有了心理准备，但还是被屋子的凌乱吓到了，客厅里堆积了杂七杂八的物品：衣服、鞋盒、电器包装箱子、与装

修极不匹配的塑料椅子、快餐盒……

"你住客房，还是跟我睡啊？"铃兰问我。

我看着客房的墙壁因为受潮而变得斑驳，床上铺的被子也发黄、硬邦邦的，而铃兰的卧室里，床上的被子被卷成一团，地上堆着衣服，窗台上也堆满了物品，胃里感觉一阵不舒服。

我正在纠结睡哪儿时，铃兰俏皮地说："今晚就陪我睡吧，明早给你小费。"

我费力地挤出一丝笑意，点了点头，内心告诉自己：每个人都有自己的生活方式，你不要太矫情了！

我尽量控制着自己，但洗澡时，闻见下水道口的头发和泥垢散发出了阵阵异味，使用的浴巾散发着一股霉味，看见手工皂在一个起着毛边的塑料盒里被泡得膨胀变形，挂毛巾的栏杆上挂了一堆内衣裤，我的心情简直糟糕透了。

铃兰扔给我一套干净、却起了球的睡衣，我十分不情愿地穿上了。躺在床上，质感不佳的被套和被子让我感觉很难受，翻来覆去地难以入睡。

在床上，铃兰开始跟我喁喁诉说，我一边用力扯着被子，一边望着她的梳妆台——台面上杂乱地摆放着十几瓶大牌化妆品，收纳杂物的是一个废旧包装盒；罐头瓶子里放了几块钱、一把梳子和几把化妆刷，里面竟还有几支签字笔，旁边散落地放着几本书。

我终于明白我的内心为什么如此"堵塞"了，因为铃兰并不只是邋遢、懒惰，而是没有生活的规则和逻辑。

对她来说，这个房子似乎只有避寒遮雨的功能，任何高于这个需求的配置都没有。她觉得满足功能性的需求就够了，所以可以接受盖着不够松软贴身的被子，用着不够干爽的毛巾，随意摆放着化妆品，找着没有好品行的男人……

2

这让我突然想起了，我的前公司的一个姑娘。偶然一次机会，我去了她家。因为收入的原因，她与人合租的房子又老又破，但她的房间却细致整洁——一张床，一个简易衣柜，一张长条小桌上铺着碎花的小桌布，漂亮的窄口玻璃瓶里插了一束淡紫色的薰衣草干花。通过简单的分区，桌子的一半做化妆台，一半做书桌。

我当时就觉得以她对生活的要求，生活在这个破旧的房子里，只是暂时的。因为她对生活的高要求，会促使她不停地努力，从而达到理想的生活状态。

后来的确如此，她的工资一直在上涨，现在应该有了自己的房子了。

生活对你是慷慨还是残酷，事实上大多是由自己决定的。

3

思考良久后，我觉得作为朋友，我需要给她提一些意见。

我抖了抖被子说："铃兰，你盖这被子舒服吗？"

她愣了一下，说："我觉得还好啊，我对被子的舒适程度没什么概念，觉得都差不多吧。"

"那这个被套贴着皮肤舒服吗？"我问她。

"也还好啊，我对这些真没有概念。"她回答。

"你对自己太不够关怀了，你活得太粗糙了，这种粗糙让你本来柔软、敏感的身体失去了感知力。如果你的感知力还在，它能帮你感知触碰你的手指是来自一个什么样的人，能让你识别恶意，不会让你去靠近一个不适合你的人。但现在你的感知力消失了，你的身体也开始将就了。它纵容你将就地找一个人，当这个人进了你的家，发现你对生活的要求如此低，他怎么会认真地对你呢？"

铃兰用手揉搓着被子，沉默了好久，才说："亲爱的，明天你陪我去买被子和被套吧，我不太会挑。"

我心疼地拍了拍她的肩膀说："等你的身体习惯了感知温柔，内心容不下杂乱的时候，一切就都会明媚起来了！"

我们都是普通人，不会像《安徒生童话》里的公主一样娇贵得隔着几十层鹅绒被子都能感受到一颗豌豆。**但我希望我们都能厚待自己，在生活的战场上英姿飒爽地往前冲——只有这样，别人才不会随随便便对待你。**

05　买买买，只是爱自己最肤浅的方式

1

朋友欣欣结束了一段纠缠了5年的恋情。见她心情不好，她的发小薇薇约她去泰国散心。

欣欣说5年来，她第一次特意出去旅行。

回程时，欣欣发了几款手表给我，让我帮她挑一块。我一看手表的价位都在5万左右，虽然说不上特别名贵，但像欣欣这种精打细算的主儿，着实让我有点小疑惑。

我试探地问了句："自己买啊？"

欣欣回了个白眼，"不自己买，谁买呀？又没男人，再说现在男人有这么大方吗？"

"日子不过了啊，给自己出这么大血？"我问。

"跟薇薇出来一趟被洗脑了，女人只有好好爱自己才是正事。她给自己脸上砸了大把的钱，看着像20出头，而你看我这松垮垮的脸，看着像三十大几。就算最后没存下多少钱，自己看自己还赏心悦目呢！"

的确，在微信朋友圈看欣欣和薇薇的合影，就感觉像大小姐带个小丫鬟出游。我对欣欣说："一定要让我见见薇薇，我想看看能给你洗脑的，是怎样的大神。"

我和欣欣的相识算是缘分了。我们一起参加了一个聚会，但不巧的是，我们穿了同款连衣裙。当她看到我们的裙子一样时，开朗地笑着说"好巧啊"，一点儿也没有因为她那条做工粗糙的衣服而感到尴尬，给我留下了很好的印象。

后来熟识后，我跟欣欣聊起了那次撞衫经历。她大笑着说，她根本看不出正品和山寨有什么区别，在她看来都一样。

欣欣是个粗线条的姑娘，她把眉毛和眼线都画得很粗。她一心一意存钱，只想跟男朋友一起买房结婚，给自己买件超过1000块的大衣，都盘算着要穿10年，但是给男友买双签名球鞋，会毫不犹豫地找代购买单。

我常劝她要把对男友的爱，分给自己一点。欣欣说不知道为什么她就是舍得给他买东西，不舍得给自己。

也许欣欣现在的"顿悟"，跟那个她认为永远跑不了的男友，突然就离开她了有关吧。

2

后来，我如愿以偿地见到了薇薇。她穿着一身精致的连衣裙，拎着日默瓦的行李箱映入我的眼帘。

我和欣欣在上海陪她玩了一天，和她接触的这一天，我思绪万千。欣欣总会说好羡慕薇薇这样的姑娘，想买什么就买什么，想去哪儿就去哪儿，对自己大方地宠爱，美中不足就是总遇到坏男人。

的确，薇薇在微信朋友圈里发的内容，传递出了一种爱自己的高级态度——都是到处的旅行、给自己奖励的包包首饰、高级的下午茶、SPA（水疗）、演唱会等照片，令人赏心悦目。

但是，我在跟薇薇聊天的时候，却感觉她的身份，在明星八卦号主和奢侈品导购之间来回切换，不停地聊着娱乐新闻和奢侈品。游玩的时候，每到一个地方她就是拍照，不仅自拍，还让我和欣欣换着角度给她拍。我们跟她讲人文历史，她却忙着用手机软件修图、拼图、发朋友圈。

我问欣欣："你们在泰国的时候，也是这么旅行的吗？"

欣欣点点头说："是啊，旅游不就是拍点美照留念吗？"

我仔细观察薇薇，发现她花了大价钱保养的脸，缺少了一些气势和生机；身材虽苗条，但胳膊和腿上的肌肉却很松弛，走起路来感觉很无力……我就开始怀疑薇薇说的"爱自己"，是不是仅限于舍得给自己花钱？

我还发现薇薇对什么兴趣都不大，美食、美景都只是道具,唯一体现出的热爱,就是发微信朋友圈,等着朋友们的点赞。

3

现在,有很多媒体和女性产品的商家,都在传递女人要爱自己的价值观,然而很多姑娘都不知道到底该如何爱自己。

具体该如何爱自己,我给不出标准答案,因为爱自己的方式因人而异。但我认为,最起码要照顾好自己的身体,照顾好自己内心的希冀和渴求,让自己的生活从灵魂深处开始变得饱满。

好友书涵,她从不允许自己晚上超过12点睡觉。每天都会给自己准备温热营养的早餐,把家里收拾得干干净净,用精美的小物件点缀自己的房间,点上自己喜欢的熏香,做一套形体保持的运动,每周读一本经典的书籍,写写书评、影评。

她会给自己安排一些提升自身素质的课程,她也对未知的东西充满了好奇。

爱别人的时候,她会全身心地投入;无法继续的时候,她就转身离开,不把自己陷入纠缠之中。

她非常喜欢潜水,会合理地安排自己的花销,给自己储存潜水基金,每年两次跟伙伴们去潜水胜地潜水。她说她每次潜入海底,都会对自然产生敬畏和感激。浮出水面的时候,就觉得自己很多狭隘的小情绪被大海融化掉了，仿佛重新获得了一个纯净的灵魂。

还有辛迪，一位身材极佳的大美女，她喜欢越野、摩托车、徒步、极限运动。她把自己晒得黢黑，身姿矫健挺拔，笑起来热情爽朗，散发着魅力的光芒……她舍不得给自己花2万块钱买个包包，却舍得给自己的摩托车换个更贵的车胎。每个见到辛迪的人，都能感受到她满满的正能量，她看起来就像是在幸福的润泽下长大的人，不忍施加给她一丁点儿伤害。

4

保持好的运动习惯，还是舍得花钱给自己去减肥；保持健康的饮食和睡眠习惯，还是舍得给自己花钱去做康复训练；保持乐观积极的心态，常常微笑，还是舍得花钱给自己的脸上埋蛋白线……你怎么选？

每个人爱自己的方式都不同，但单纯地舍得给自己花钱，通过金钱慰藉自己，显然是肤浅的。

有人说女人只要有钱就能解决99%的烦恼，肯花钱就能美，就能瘦，就能活得丰富有乐趣。而我更愿意对自己有所期待，希望通过自己的努力，解决99%的烦恼，包括赚钱。

我们在花钱的时候，可能会获得一定的快感，但是我们在持续地锻炼自己的身体、滋养自己的灵魂时，会将魅力投射到外表上，显得美丽、自信，不可轻视。

爱自己，好看的皮囊、有趣的灵魂，一起！

当你爱上运动时的挥汗如雨，体内热血蒸腾的水分会从内而外润泽着皮肤；当你爱上求知和阅读，这个世界会没有边界地向外打开，灵魂舒展。

爱自己就是一种了不起的才华，让你有勇气和毅力独自前行，所到之处，皆是美景！

06 你不喜欢自己,是从凑合开始的

1

我去看望刚生了二胎的姐姐的时候,买了一套芭比娃娃送给她的大女儿恩恩。看到礼物时,小家伙儿激动地拥抱了我好久,坐在地上就开始拆盒子,满脸都是喜悦。

我想每个女孩子小时候都渴望拥有一套芭比娃娃。看到她喜欢芭比娃娃的样子,我就仿佛看到了小时候的自己。如今,和曾一起玩芭比娃娃的小伙伴——慧慧、小迪都三十多岁了,现在的我们都在各自过着自己的小日子。

2

慧慧嫁到了重庆,儿子已经3岁了。跟微信朋友圈里的"晒娃党"不一样的是,儿子更像她的"拍照道具",时而酷,时而萌,超级可爱。

跟老公吵架之后,她会打扮得美美的,约闺密喝下午茶,回家时顺便买些昂贵的水果做个水果捞,来补充吵架消耗的能

量,然后等着老公乖乖地发红包道歉。

接儿子时,她会买几枝鲜花,让儿子拿在手里,这样儿子就不会吵着吃零食,还会微微地嗅一下,说:"花的味道真好闻。"

其实,我们每个人的生活负担都是一样的,只是选择的配置不同,每当我们心情低落,想随意度过这一天的时候,就要告诉自己:这是你此生最美好的一天。所以多花点儿时间在自己身上,去打扮自己,去给自己添置一件新衣服,以好的心情去迎接每一天!

3

小迪离我比较近,我在苏州,她在上海,所以我们可以偶尔小聚一下。每次见面,她都会先抱怨上海的房价高、钱不够花、好男人太少了,然后边往嘴里塞着蛋糕边说:"吃不胖可真好,你看我就吃那么一点儿也瘦不下来。"

小迪暗沉的皮肤上满是粗粗的毛孔,鼻头上混合着黑头、白头,满脸泛着油光,头发贴着头皮往下垂,发梢枯黄,一身深色的衣服显得她更加黯淡无光。

我跟她说:"拜托,你能好好收拾下自己吗?你也是个女人啊!"

她的回答基本是:"打扮给谁看啊?""我天天忙死了哪有时间啊!""无所谓了,我是靠才华吃饭的。"

小迪生日时,我送了她一条淡蓝色的真丝连衣裙,她试了试说:"好美啊,但是没什么场合穿呢。"

我无奈地叹了口气:"你把你的每一天都过得太随便了,所以连需要美的场合都没有。"

我深知她的固执已深入骨髓,认为化妆不好卸妆,所以永远素颜;认为浅色的衣服不好搭配,所以只穿深色衣服;认为不需要见特别的人,所以穿着非常随便。仿佛在她的生活中,永远没有特别的一天,每天都是在凑合中度过。

我把恩恩穿着妈妈的高跟鞋、涂着妈妈的口红、嘟着嘴巴、抱着芭比娃娃的照片发给了小迪,然后跟她说:"还记得小时候喜欢芭比娃娃的你吗?如果她看到现在的你,会不会有些失望呢?"

4

小时候,你所期待的美丽、优雅、自由和白马王子,不会因为你长大了就会自然而然地得到。这一定是一个跟生活不断妥协的过程:向物质妥协,你就必须放弃剪裁精良的大衣;向舒适妥协,你就必须脱掉华美的高跟鞋;向随意妥协,你就必须放弃精致的妆容。

因为不断地妥协，你会活得越来越粗糙，最后发现连自己都喜欢不起来了。你便会抱怨这一切，都是生活强加给你的，你没得选。

你从没想过曾经那个给芭比娃娃做衣服，期待美好的人，是如何向庸常妥协的。**你一点点丧失自己的领地，过着凑合的生活，谈着不痛不痒的恋爱。看着胜利者们燃放的漫天烟花，你激动地说好美，然后抱怨自己怎么没那么幸运。**

重新拾起你对美好的期待吧！重新遇见那个爱着芭比娃娃的你，让小时候的你遇到现在的你时，会激动地说："这就是我想象中长大的样子啊！"

Part 3

不被定义,
才是最好的定义

01　别让你的幸福，毁在别人的嘴里

1

我妈妈是那种下楼倒垃圾也要穿戴整齐的精致女人。在我12岁时，她和爸爸离婚了。

妈妈觉得他人虽然很好，只是两个人过不到一块去。在外婆眼里，她的女婿高大英俊，不仅能赚钱，还孝顺顾家，反而是女儿任性自私，不考虑孩子和父母的感受。

我至今记得妈妈带着我离开家时，流着眼泪对我说的一句话："希望你能理解妈妈，一辈子太长了。"

我16岁时，继父出现了，他个子不高、相貌平平，但整个人看起来干净清爽，笑起来很温和，我竟对他没有排斥感。

他会为妈妈的花花草草，换上漂亮的花盆；给妈妈新买的淡绿格子桌布，配上新的餐具；为妈妈的红色连衣裙，配上一双乳白色的方跟皮鞋；给我用铁环勾着的几把钥匙，换一个漂亮的钥匙扣。

他会拉着妈妈的手，一起去江边看日出或日落；他会带妈

妈去湿地公园拍摄花鸟，告诉她每一种植物的名字和故事，并带回几根掉落的树枝，插在古朴的花瓶里，摆在我的书桌上。

妈妈喜欢做菜，每次她隆重推出自己的新菜时，继父总会拉着我，一起漱好口、衣着整齐地端坐在餐桌前，像美食家一样点评新菜，逗得妈妈咯咯直笑。

继父还是个"过节狂"，他说生活就该有年有节，有时有令，这样的日子才有层次感。对于不同的节日，他都有不同的庆祝方式，并送我们不同的礼物。

有一次，妈妈生病住院，我去医院时，看到了妈妈的床头放着一束百合，淡绿色瓷碗里盛着小块的水果。继父坐在床边，旁若无人地为妈妈读书。

旁边病床上的阿姨侧着头，满脸羡慕地看着这一幕。我忽然鼻子一酸，终于理解了妈妈的那一句"一辈子太长了"。

2

我回去参加表妹的婚礼的时候，亲友们都催我结婚，妈妈和继父淡然地说："她能过好自己的生活就可以了，结婚也急不得。"然后，他们就被亲友们冠上了"奇葩父母"的称号，背地里说怪不得他们养的孩子那么任性。

可是我知道自己并非是任性，只是觉得要先打理好自己的生活，才能和那个对的人相遇。

在我妈的影响下，我似乎也对生活品质比较在意，觉得那个"他"必须和我一样热爱生活，讲究生活的品质，喜欢精致的生活。每当好心的闺密给我介绍对象时，我都会比较慎重，因为那个和自己志趣相投的人还迟迟没有出现，我愿意等。

3

我至今还记得，某一次在飞机上，一位男士给我留下的深刻印象。他穿着白色衬衫和白色修身长裤，上身套了一件短款的灰色针织衫，腕上戴着一款罗马字的小三针手表，指甲修剪得光滑平整，身上散发着淡淡的海洋调香水的味道。

不仅如此，他还举止稳重，说话语调平实温和。这让8个小时的长途旅程变得美好了起来！

这或许就是最好的修养吧！他身上的每个细节，都让陌生人觉得舒适恬淡，从心里发出赞叹，并把正能量传递给你，而不是让身旁的人不由自主地向外挪动身子。

其实，精致的生活并不昂贵，只要对生活的细节充满要求，而不是囫囵、潦草地过每一天，就能成为一个精致美好的人——每天用洗面奶好好地洗脸，把衣服烫平，不同场合穿不同的衣服，每天更换贴身的衣物，保持读书的习惯，有一颗好奇心……

一辈子很长，你要做一个精致的人！我希望我找的那个人，也不会随便地对待生活，而是要把冗长的岁月，分割成一个个充满喜悦的小时刻。

不要过于在乎别人的想法，你要为自己一辈子的幸福负责，别让你的幸福，毁在别人的嘴里。

02　真正精致的生活，从来都不贵

1

有一段时间，"精致的猪猪女孩""精致生活"在网络上掀起了一阵潮流，连男性的择偶标准里，也开始加入"精致"这个词了。

一个资深大龄男青年说："其实年龄无所谓，但必须有精致的生活态度，跟一个粗糙的姑娘过那种钥匙用绳拴、手机壳里塞钱的糙日子，还不如单身。"

这让我记起了5年前的一个同事，她每天挂在嘴边的词就是"精致"。

她长相秀美，活泼开朗，作为公司的门面——前台，她每天都化着精致的妆容，穿着讲究；她熟知各种奢侈品的新款、口红的流行色号、高档酒店的下午茶菜单，还能把甜品、咖啡拍出文艺范儿。

茶余饭后，她经常教育公司的实习生女孩儿——

"你看你光秃秃的指甲，不能去做下美甲吗？女孩子要精致呀！"

"你用美宝莲？太不精致了，你知道它的粉质有多粗糙吗？"

"麻辣烫叫外卖就可以了，千万别坐到摊上去吃，显得太不精致了！"

"你要精致，你男朋友才舍得给你买好东西呀！"

……

就这样一个化妆包里都是精致化妆品、指甲闪亮的精致女孩儿，电脑桌上的物品却是乱七八糟的。作为公司的行政人员，她却经常搞错文件，丢三落四，她上司曾经忍不住呵斥她："拜托你在工作上能不能精致点儿？"

她的职业态度也很简单："我就是想找一个安稳、压力小的工作，有足够的时间去生活，这样才能过得精致些，我才不想加班熬夜，活得那么粗糙呢！"

2

精致的生活态度，会令生活充满仪式感，但是如果只是把"精致"放在物质层面上，只会让自己的物欲无限膨胀，形成攀比、虚荣，对自己现有的生活嫌弃的心理，反而会失去对生活很多美好的感知。

现在，很多微信公众号都在写，女孩儿该过什么样生活，《你混得不好，因为穿得太便宜》《精致的女孩子是不会挤公交车的》《你用几十块的口红，你男朋友就送你便宜货》……这样的标题都刷爆了朋友圈，不断地刺激着女孩们的消费欲；再加上各路网红、博主晒着自己精致的生活——下午茶、旅行、SPA，色号齐全的TF（TOM FORD汤姆·福特）、YSL（圣罗兰），限量的包包，让我们把精致生活等同于买奢侈品。

很多姑娘无奈地说："没钱，怎么能撑起精致的生活呢？"

有网友根据各种博主对精致生活的定义，计算出月薪3万，是精致生活的起跑线；还有一个精致的上海姑娘，晒出了自己月消费12万，才能达到小康的生活水平。

这让很多姑娘感觉很绝望。自己勤勤恳恳地奋斗，精致生活却遥不可及。

受到这些论调的影响，有的姑娘对金钱的渴望开始加剧，三观开始歪曲："不要交固定的男朋友，找个给你买包的，找个给你买化妆品的，找个请你吃饭喝茶的，否则这些花销在一个男朋友身上，他会跑的……"

我们都想过更好的生活，却错误地认为更好的生活，就是买更好的东西，去更高级的地方。

3

跟GUCCI（古驰）的新款包包比，ZARA（飒拉）的包包可能会显得捉襟见肘；跟马尔代夫比，城市里的湿地公园可能根本不值一提；跟北海道空运的生鱼片比，麻辣烫可能会显得低级寒酸……

但为了梦寐以求的精致生活，在最美的年华里不去爱，不去奋斗，不去憧憬，为了那些表面的精致、高级而虚度光阴，从不思考这些堆积在身上或包里的物件，真的能给你带来愉悦和满足吗？

我曾经讲过一个女同事的故事，她在月薪3000元的时候，跟人在公司附近合租房子。她的房间虽然简陋破旧，却被收拾得干净整洁。一张床，一个简易的衣柜，一张长条小桌上铺着碎花桌布，漂亮的窄口玻璃瓶里插了一束淡紫色的薰衣草干花。她的床品是细致的棉料，边角包边都收得很好，被子看起来松软舒适。

她的衣服不多，不昂贵也不廉价，没有时尚出彩，却非常得体；化妆手法生疏，但面容明亮；工作起来一丝不苟，总能主动地干活，让人觉得特别周到和值得信任。

当整个公司集体加班到萎靡时，你望向她的工位，会发现她还是挺拔地坐在那里。

当时，我就想，这真是一个活得无比精致的姑娘啊！

以后无论她在哪里，哪里就会充满美好和生机；无论她做什么工作，都会是优秀的。

出租屋，她一定不会住太久，她会有与这种精致生活态度配套的一切。

4

我认为，精致绝不是一种物质上的奢侈，而是即使长在沙漠里，也能开出一朵花来的旺盛生命力。

无论你的收入有多少，做什么工作，只要把自己的每一天、每一件事，都赋予自己的热爱和温度，认真地呵护自己对美好的感知力，那生活一定是精致的。

我曾经的住处对面有一家快餐厅，快餐店门口有一个阿姨支了个煎饼摊摊煎饼。她穿着洁白的围裙，戴着干净的口罩，头发梳得很整齐，站姿挺拔，声音温和，看着她的穿着，我就觉得她一定能摊出干净、好吃的煎饼。

跟一般煎饼摊用脏旧的塑料瓶子盛酱料不一样，阿姨用的都是漂亮的透明玻璃瓶。她把葱花切得均匀整齐，煎饼摊得边角圆润、薄厚均匀，动作麻利又细致。她每次微笑着把热乎的煎饼递给顾客后，会马上擦一下自己工作台和瓶子边缘掉落的酱汁。

所以，在那段时间，我每天早晨基本上都去那里买煎饼吃，每天驻足等煎饼的那几分钟，看着一道精致美食的创作过程，我一点都不觉得煎饼会比米其林甜品少情怀和匠心，它让我的早晨充满了美好。

精致，不是你看别人有自己没有，就去拼命地追求，而不考虑自己是否需要；而是看你有什么，并欣赏你有的一切，从中获得更多的喜悦。

引用一位朋友的一段话，这段话深得我心：

精致就是我有一瓣花瓣，就研成末儿吹散在屋内闻香味；我有一朵花，就别在鬓角，让自己看起来赏心悦目；我有一簇花，除了戴在头上一朵，我还把它放进花瓶里，让整个房间明媚灿烂……

愿你先感激你所拥有的一切，再继续追求更美好的自己。

愿你的精致让你别致，走到哪里，都充满美和生机！

03　做减法的人生，从不纠结

1

如果让我选一个自己最佩服的人，我绝对会选择冯佳丽。

这绝不是因为冯佳丽在去年一年时间里创了业、融了资、通过了全国司法考试、练出了好身材，同时还一场没落地去看了电影、话剧、音乐会、演讲，元旦还带父母去塞班岛度了假……而是因为冯佳丽的生活准则，她说："我的时间的确比大多数人多出了三分之一，因为他们把时间都浪费在了纠结上面。"

不纠结，就是她行事的风格，是她做事高效的原因。

我认为自己不是一个特别纠结的人，但跟冯佳丽比，已经算是"纠结狂"了。她是那种做任何决策都超级迅速的人，而且在她的句式里没有"如果当初……"

买房，她看两个盘就能定下来了，房子隔周就升值了；换车，她会找个懂车的朋友推荐，不试驾直接就买下来。来回找资料进行比较这种事，她说除了当初选大学，就再也没干过了。

我们一般总会纠结吃什么，但只要跟她一起吃饭，点菜的效率就特别高——在饭点时,她不去需要排队的餐厅,点餐直接选大众点评APP上评分最高的,或者问服务员,客人点得最多的菜式。

我们会跟她说:"不要听服务员的,他们肯定推荐利润最高的。"

冯佳丽说:"最坏的结果是难吃,这风险又不是不能承受,为什么非要自己纠结半天,浪费时间呢?"

冯佳丽买护肤品,就买符合自己肤质的,什么人气高就买什么;买非审美型的物品,直接在淘宝搜销量第一的;买审美型物品,如衣服、包包等,就拉上我给她挑,试好就结账。后来她索性逛街也不去了,让我在逛街的时候,直接帮她买。

冯佳丽让我帮她选眼镜,我说:"你的脸型戴什么眼镜都不好看,去做近视眼激光手术吧,再割个双眼皮。"

她说:"好啊,帮我约你熟悉的医生,明天可以吗?两个能一起做吗?"

听了这话,我简直是瞠目结舌,跟她说:"你不再好好考虑一下吗?"

"我有什么好考虑的,你是'臭美专家'啊,你们这些专家就是来简化我们决策步骤的,懂不?"她说。

"你不怕老了以后会瞎吗?"我问。

她却说:"老了最多瞎10年,丑却至少存在30年,两害相较取其轻。"

2

冯佳丽刚刚升职,就换工作了,这让我大跌眼镜。

她淡定地说:"我本来也没想过要跳槽,但在与X总交流的时候,我觉得他思路清晰,一定能大有作为。在现在的公司,我的职业生涯已经到顶了,再想发展只能是跳槽了,为什么不趁着有好机会马上去呢?"

冯佳丽在事业做得风生水起时,又跑去创业了。当时,她现在的合伙人找她聊了一次,隔天她就回复"OK",然后马上辞职。

我说:"你可不能这么草率啊,创业可不是闹着玩的,搞不好……"

她打断我说:"哎呀,做什么没风险?我创业的项目短平快,一年内基本见分晓,真的失败了也不可能一无所获,最坏的结果就是回来打工。结果可承担,就去做啊!"

值得一提的是,现在她的项目做得很好,刚刚完成A轮融资,他们业内的人都说:"小冯,你时间掐得准啊!"

3

有一次，我想给中意的男孩儿发信息，在那儿想该怎么措辞，反反复复地输入又删除。她一把夺过手机说："我看你这样，就想起我一个朋友，买衣服时一件衣服反复试，看着真难受。"

然后，她帮我编辑并发送了信息：我想见你，出来不？

我正大呼小叫着跟她抢手机时，对方回复了：好啊，你在哪儿？

冯佳丽翻着白眼说："小姑娘，爽不爽？"我瞪了她一眼，爽。

跟冯佳丽在一起，我觉得神清气爽，感觉这个世界根本不存在障碍，纠结也一定不会凭空产生。

我见过几次冯佳丽接电话，她会直接打断别人的客套话，让其说正题，但对方可能是领导、客户。我惊呼："你可真不怕得罪人啊！"

她却说："当你确定了这件事涉及你们的共同利益，完全没必要纠结怎么表达会更好听。"

本着"吸引力法则"，她的爱人也是和她一样的性格——说做就做，绝不纠结。两个人相约一起考过了司法考试，一起爬了三座高山，一起潇洒地生活、工作，非常幸福美满。

4

冯佳丽说:"爱纠结的人,眉头都是拧巴的。人生中有多少需要你慎之又慎、思来想去的事?况且真有这样的事,是你纠结就能解决的吗?纠结不但浪费时间,在纠结过程中所产生的坏情绪,会影响幸福指数!"

我问冯佳丽该如何能改掉做事纠结的缺点,她说:"相信身边的专家们,他们只要在某个方面比你强,比你付出了更多的时间,研究了这一领域的东西,那你就值得听他们的意见。时间就是生命,不容浪费!"

一个不纠结的姑娘,在生活中懂得激流勇进,会把日子过得酣畅淋漓,潇洒肆意。当我们在纠结要不要起床时,她已经吃好了早餐;当我们纠结要不要出发时,她已在路上了;当我们纠结该选择哪个机会时,她已经开疆拓土,横刀立马了……

会生活的人,一直在做减法。跟这样的人生活在一个"丛林"中,是不是很可怕?

04　手捧保温杯，你也可以回到18岁

1

有一天，我和一个男性好友一起吃饭。他的小女友"查岗"，非让他拍个小视频，他就连我带菜一起拍了发过去。

小女友回复的语音被他不小心开了扬声器——软绵绵又带着幽怨的腔调，从手机里传了过来："你又和那个老女人在一起……"

我的第一反应是开他的玩笑："哎呀，你是不是'傍富婆'了？"结果他盯着我看了2秒钟，空气忽然凝固了。

后来我才反应过来，大声说："我才30岁！"

其实我是个无龄感的人，可是最近总是莫名其妙地被提醒着自己的年龄。不只是被朋友的女友说是"老女人"，我们公司新招来的一个实习生，也让我有点危机感。实习生才20岁，工作起来却雷厉风行，不敢想象10年后，她会变成怎样的"职场女魔头"！

2

前段时间，一张黑豹乐队鼓手手捧保温杯的照片火了，拍这张照片的记者说："不可想象啊！当年那个铁汉般的玩摇滚的男人，手捧保温杯向我走来。"还有网友戏谑地问"保温杯里放枸杞了吗？"

在来了"大姨妈"还要吃哈根达斯的年纪，我敢去谈一场跨国恋，敢在回国后"不务正业"地在他学校附近开一家咖啡店，敢为了一句承诺去海角天涯，敢刷爆信用卡买自己喜欢的东西，敢对自己看不惯的人和事嗤之以鼻，敢跟父母吵得不可开交……活得自由又嚣张。

可是现在，我桌上的保温杯里面泡着黄芪，初恋男友现在的发际线已经明显后退了。这让我缓缓意识到，自己已经从可乐加冰、熬夜蹦迪的不羁少女，变成了大夏天也要手捧保温杯的中年女人了。

我开始把爱情当成一件锦上添花的事，不再苛求一段不合适的爱情；不再迷恋付出带给我的快感；我学会了投资和理财，把大部分的热情都给了让自己有底气的工作；我开始会换位思考了，眼里看到的不再非黑即白；看到父母皱眉头，我都不忍心再多说一句……活得充实有力！

我喜欢手捧保温杯的自己，却从来没后悔过年少时做的事；

我怀念20岁满脸胶原蛋白的自己,却从来没对自己有眼尾纹而感到恐慌。

我相信女人都是美的,任何阶段都是美的,有青春活力的美,有知性优雅的美,也有淡定从容的美。

3

前段时间,在网上很火的"冻龄美女"许路儿,引发了很多网友的羡慕,因为40岁的她还有满满的少女感。我很佩服能把自己保养得很好的女人,因为她们往往都有极度的自律性和好习惯。

但是,我更希望自己在四十多岁时,能更像俞飞鸿,因为她总是带着一股岁月雕琢的从容淡定,和热爱着生活的温热感,美得沁人心脾;还有五十多岁的邬君梅,她的脸上永远都是满满的自信,让人觉得她是一个认真生活的人。

岁月根本就带不走一个人的美丽,因为美丽不只看容颜,还要看一个人的精神状态和心境,与年龄无关。

如果你用心经营自己的生活,爱每个阶段的自己;关照自己的身体,有好的运动习惯和饮食习惯;关爱自己的内心,有自己的兴趣爱好,对生活认真积极,那么你定然身体挺拔、衣着得体、面带善意、散发自信,这样的女人无论多少岁,都一定是美的。

不要去强留自己20岁的样子,也不要故作成熟沧桑。我们要怀着一颗好奇的、积极的心,游走在这个缤纷的世界之中。

20岁要努力学习,30岁要拼命工作,40岁要淡定从容,50岁要处变不惊,60岁要依旧有好奇心……永远热爱,永远在路上。

停止对自己无理的苛责吧!不运动,就别抱怨自己皮肤下垂,身材走形;嫌护肤麻烦,就别抱怨自己肤色差;不懂搭配也不学习,就别抱怨自己穿什么都不好看;对新鲜事物没有求知欲,就别抱怨生活没有新鲜感;不尽心尽力地过好每一天,就别抱怨日子无聊透顶……

当我们用保温杯替代了冰可乐,是我们开始知道该对自己好了,该照顾自己的身体了,也该满足自己内心真实的希冀和渴求了。

停止一切抱怨,把每一天都过得尽心尽力。就算现在我们手捧保温杯,也可以像18岁那样,充满活力,所向披靡!

05　能把生活经营好的女人，一定很"善变"

1

某一天，我和表妹一起逛生鲜超市，我们看到了很多情侣在一起挑选蔬菜和水果，画面特别温馨。表妹嚷嚷着以后找男朋友一定要找个爱逛菜市场的，因为这样的人更有生活情调。

突然，表妹停住了脚步，盯着一个正在挑选火龙果的女士看了一会儿，小声地说："挑火龙果的那个女的，好像是我们公司的施总。"

我顺着她的眼神望过去，看到了一位腰背笔直的女士，她的低马尾撒在了颀长的脖颈一侧，穿着一件淡蓝的连衣裙，外面套了件质地柔软的开衫毛衣，看起来岁月静好。她正调皮地把一块水果往一位男士的嘴里塞，这位男士愉快地咽了下去，一脸宠溺地笑着……那场景让我忽然想去谈个恋爱，甚至毫不犹豫地买了几个火龙果。

2

仔细观察了一会儿，表妹惊讶地说："我的天哪，还真是她啊！"

"你那么惊讶干吗？遇到领导吓得吗？"我问。

"你不知道，在公司里，她可是有名的铁腕总监，平时不苟言笑、不近人情。有次供应商过来大吵大闹，她一出场，场面顿时安静了下来，你能想象当时那种场景吗？现在她这小女人的模样简直颠覆了我的三观。"

"你的三观早该被颠覆了，难道她跟自己老公一起，还要像个领导一样吗？这才是高情商的女人——懂得切换自己的角色。"

表妹悻悻地说："你说她情商高？在公司，我们都不喜欢她，她跟我们沟通从来不注意方式。"

"你们不喜欢她，影响她的工作效率了吗？影响她升职加薪了吗？"

"是哦，好像什么影响都没有，刚刚集团内部消息，她好像又要高升了。""所以高情商不是讨所有人喜欢，而是让重视她的人喜欢她。"

"这也太功利了吧。"

"想讨所有人喜欢的人，自己的生活一定很糟糕。"我说。

3

在这个社会中,女人要扮演的角色有很多,员工、妻子、母亲、女儿、儿媳、闺密,等等。那些生活一团糟,见面就要抱怨的女性,从根本上讲是完全不懂角色切换。

我的一位朋友洛洛,是一名光荣的人民教师。每次她跟我诉苦,要么是跟爸妈吵架了,要么是跟婆婆吵架了,要么是跟老公吵架了……诉苦的原因一般都是,她让别人做的事,别人不听,她还认为是为别人好。

有一次,我跟洛洛夫妻俩一起吃饭,目睹了他们吵架场景:

洛洛在使用饭店餐具前,习惯用开水洗一遍,而她老公却拿来就用。洛洛皱着眉头说:"说你多少遍了,你就是不听,这些餐具都脏得很,洗一下很费劲吗?真是懒死了。"

洛洛老公不喜欢吃芹菜,洛洛就不停地念叨:"芹菜是粗纤维的,对身体好,你个大老爷们儿怎么这么挑食……你腿抖什么啊?这种餐巾纸不能用,都有荧光剂,说了多少遍了……"

洛洛老公终于忍不住了,大声说:"吃个饭,你的话怎么这么多啊,能不能消停会儿啊?"

洛洛立刻发飙了:"我哪里说得不对了,本来你就不该……"

我劝了会儿架,两人终于停止了争吵。

洛洛老公沉默了一会儿，抱怨说："洛洛确实都是好意，但说话的口气永远都是挑刺和命令的方式，和我这样说话就算了，和我爸妈、和她爸妈都这样，真受不了她，我们又不是她的学生。"

洛洛正准备反驳，我打断了她："你得懂一个道理，回到家以后，你就不是老师了，你不能把这些工作习惯都带回家来，就像你也不能把家里的状态带去上班是一样的，你要会切换角色。"

4

我带洛洛认识了我的闺密郝佳，她是我眼里最厉害的女人。并不是说她是女强人或者有什么伟大成就，而是她非常擅长切换角色。

作为"律政佳人"，在职场上，她跟人交流的方式非常直接，该争的当仁不让，私下和同事走动也不多，她说职场关系就应该简单些。

作为妻子，她回家就秒变"傻大姐"，一米八几身高的她，却喜欢跟老公撒娇卖萌。听他俩聊天，就感觉两个人是智商不够的小屁孩——"老公，为啥药是苦的？""因为做成甜的，你一次要吃一瓶。"

作为妈妈，郝佳在带娃的时候，能把自己瞬间切换成一个有爱的妈妈，与孩子共同成长。她会很耐心地跟孩子说"这个问题，妈妈也不懂啊，这样吧，我去书上找答案，你去学校问老师，然后我们交换答案好不好？"

作为朋友，她平时幽默感十足，能疯能玩，是绝对的暖场小能手，什么话到了她嘴里，都会变得有趣，让人忍俊不禁。

但作为女儿，最令我惊讶的是郝佳是个乖乖女，细心体贴，是个十足的"小棉袄"，无论妈妈怎么唠叨她，她从不反驳。

……

朋友们对郝佳说："你这整天换着面具戴，会不会累疯？"

郝佳翻了个白眼说："你们不知道人本来就是多面的吗？不同的角色，就要展现不同的面貌，但是这些面貌都是真实的你，不是演出来的。那些总是用同一面貌对待所有人的，叫情商低。"

只有这样"善变"的女人，才能把日子过得有滋有味、风生水起！

5

我见过很多在职场上当领导当惯了的人，在家里跟父母也总是呼来喝去；做财务工作做久了的人，对家里的支出也控制得令人发指；还有做销售做久了的人，跟朋友说话都习惯推销……对于这些行为，我们只能理解为，他们没有快速切换自己角色的能力。

温柔、精致、敢拼敢闯、天真、坚强、冷静、执着……这些特质并不是不能同时存在。真正厉害的人，是像郝佳一样，能把自己最好的一面展现出来，每个角色都游刃有余。

最后，送给大家一句话共勉：愿你有高跟鞋也有跑鞋，能喝茶也能喝酒；愿你有勇敢的朋友，也有厉害的对手；愿你对过往的一切都情深义重，但从不回头；愿你特别美丽，特别平静，特别温柔，对生活的残酷也特别凶狠。

06　高跟鞋有高跟鞋的骄傲，平底鞋有平底鞋的格调

1

一天，我跟朋友一起吃晚饭，旁边坐了两个刚刚逛完街、收获满满的姑娘。

穿高跟鞋的姑娘叫着说："累死了，半条命逛没了！"

穿平底鞋女孩说："活该，谁叫你逛街还穿高跟鞋……我就搞不懂了，高跟鞋这东西穿着又累脚又疼，你们怎么还自愿上刑呢？"

"高跟鞋女孩"撇撇嘴说："你懂什么，穿上高跟鞋又自信又美，穿平底鞋就觉得腿短了半截儿。"

"平底鞋女孩"一脸不屑地说："让别人看着美有啥用啊，自己舒服才重要。"

……

听着两个女孩的争论，我看了看自己脚上的10厘米高的高跟鞋。下午的时候，我还穿着它参加了一场活动，站了整整3

个小时，脚又酸又痛……的确，高跟鞋太不舒适了！

有个很"文青"的女孩发过一条朋友圈：扔掉了全部的高跟鞋，从此以后，只为自由！所以高跟鞋不只是穿上不舒适，很多姑娘还认为它是束缚，穿上它不能像小鹿一样欢快地奔跑。

但为什么还有那么多姑娘甘愿穿着高跟鞋逛街、上班、演讲呢？因为美？因为自信？因为挺拔？

2

我记得我曾看过一篇写汽车历史的文章，大概写的是：德国人认为汽车是代替马车的，所以会更注重动力；日本人认为汽车是代替轿子的，所以更注重内饰。不同的性能，就会吸引不同的购买群体。

同样是与鞋有关的、关于自由的讨论，朋友圈里的"文青"认为丢掉高跟鞋，穿上平底鞋，会让人感觉无拘无束，可以任意奔跑。

而我的朋友徐娅却认为穿上高跟鞋会挺直腰背，走路带风，全世界都在给她让路。她说每次她特别难过的时候，都会踩着10厘米的高跟鞋到街上漫无目的地行走。当她穿过人群，走过一个个路口，走着走着她的内心世界就通透了，痛苦被甩开了。

我记得我曾看过一本写在华尔街从事金融工作的女性图书，

引言里的一句话让我印象特别深刻：每一个成功女性的脚后跟，都有一部血泪史。

书里有个女性说："我买了一双新的高跟鞋，穿上它感觉自己更高了，可以和那个野蛮的上司平视了，在那一刻，我不再畏惧发表自己的想法了……是高跟鞋给了我力量，让我忽然自信了起来。"

在穿着高跟鞋的时候，我们会抛弃那些卑微的想法，觉得自己就是这个宇宙的中心，有一种泪流满面的感觉。

如果我们把高跟鞋单纯地作为走路的工具，那一定是不舒适的，难以忍受的。但如果我们把它当成帮你在这个暗流涌动的世界里披荆斩棘的武器，你就必须要为此付出疼痛的代价。就像下午的活动，我穿着它站在那里时，根本没有觉得痛苦。

3

平底鞋的安全感，高跟鞋的力量，总是让我们难以选择。

我11岁的时候，放暑假去我舅舅的公司玩。我坐在前台的沙发上看书，累了就斜躺下了。这时有一双黑色的高跟鞋，啪嗒啪嗒地一步步走进我的视线，稳健且有力量，我竟莫名其妙地感到肃然起敬。

高跟鞋的主人是一位40多岁的女士，她是公司里的职业经理人。她冲我微微笑了一下，从那以后，我很想快点儿长大，想早点儿穿上高跟鞋。我认为那是女人的权杖，能让女人更美、更挺拔，同时更有自信。

长大后，我给自己买了很多双鞋，既有高跟鞋又有平底鞋。我会在不同场合穿上它们，让它们带我去我想去的地方，带我去开拓战场，展现多面的自己。

平底鞋让我做雀跃的小鸟，想飞到哪里就飞到哪里；高跟鞋让我更有自信，当鞋跟与地面亲吻的时候，我就感觉自己有无穷的力量。

高跟鞋有高跟鞋的骄傲，平底鞋有平底鞋的格调，你无须纠结穿什么鞋，这要取决于你要去哪里。

不要在乎别人的想法，只要潇洒肆意地走自己的路。

07　小家子气，绝不仅仅是因为缺钱

1

有个读者给我留言，大致内容是她来自偏远的农村，通过自己的努力，现在已经收入不菲了，在上海有了一套小公寓，也舍得往自己身上投资，买衣服、鞋、包绝不手软。

她觉得自己的整体形象不错，但无意中却听到两个女下属，在背后说她坏话。她们说她无论怎么捯饬，都有一股小地方来的"小家子气"。她抱怨说两个女同事虽然是上海本地人，但是看她们的打扮倒像是从乡下来的，很土气，凭什么这么说她？最后她发了十几张自己的照片给我，让我帮她看看，她到底哪里小家子气了？

姑娘的留言真的很长，我简单陈述了一下，还写了一大段。隔着手机屏幕，我能深刻感受到她对"去不掉的小家子气"这句话的极度在意。这让她翻来覆去夜不能寐，在凌晨2点多终于鼓起勇气，咨询了我这个加了很久、但没说过话的形象设计师。

我点开姑娘发来的所有照片，发现她的妆容真的很精致：文着半永久的眉毛、嫁接了厚重的睫毛、抹着各种流行色号的口红。不仅如此，她穿的衣服和背的包都紧跟时尚潮流，价格不菲。

但我从她身上，确实也感受到了扑面而来的"小家子气"。她眉头紧锁，嘴唇微微抿起，肩膀收缩，脖子前倾，双手紧紧地握在一起，或者紧抓自己的包……每一张照片都传递着畏缩、自卑，但假装自信的矛盾感。

而她的两个女同事之所以能这样议论上司，很大程度上是因为嫉妒。她们身上实在没有可圈可点的地方，只能把出生地当作优越感。

有很多这样的姑娘，她们凭着自己的努力在城市立足了，想洗掉一身"土气"。可是当她们满以为，自己已经跻身为城市的一员时，却被土生土长的城市人评价有"永远去不掉的小家子气"。换作谁，都会对自己充满怀疑，产生无法反驳的挫败感和无力感，那感受，一点不亚于被说智商低和长得丑。

2

每个人都难免陷入别人的评价系统中，想成为别人眼里强大的人。

我的家庭条件还算不错,但刚到意大利的时候,我发现身边有很多超级"富二代",他们开着几百万的豪车,生活奢侈。当时我很自卑,也曾多买了几个名牌包给自己提气。

后来我发现越是欲盖弥彰,就会让"小家子气"越明显。我开始慢慢放下心里的包袱,打开自己的眼界,积累自己的知识,慢慢就有了自信。

所以说小家子气到底是什么?是计较、介意、羞耻感、闭塞、自卑、畏缩。当我们以自己的出身或贫穷的过往为耻,一心想通过奢侈品给自己提气时,其实只是一种虚张声势。这种提起来的"气"其实就像气球,一戳就会破。

3

我的好友倩倩,出生在一个极度贫穷,又重男轻女的家庭,她一心想考上大学,寻找更广阔的天地。

怀着这个理想,倩倩考进了北京外国语大学。开学后的第一个周末,宿舍里的一个北京女孩说要带她们去逛逛商场,几个外地姑娘都兴奋地说"好啊好啊",满怀憧憬。

北京女孩带她们去了燕莎购物中心,倩倩说她一直记得自己翻开一件裙子的价签时,慌乱地缩回手的那一幕。一个来自偏远地方的贫穷女学生,差点儿被一条裙子的标价吓哭了,她觉得自己有一种坠落的无力感。

那天，她们几个外地来的姑娘什么都没买，那个北京姑娘也什么都没买。

从那天起，她就决定一定要好好努力，在这座城市扎下根，拥有买东西不翻价签的能力。为了打工赚学费，她开始学习线上英语教程，总结他们的教学方法，把自己的心得发到网上，同时附上自己求职外语家教的信息。她开的价格是其他大学生的两倍，但依然接到了很多邀约。自己忙不过来时，她就把家教的机会介绍给其他同学，自己拿佣金。同时，在学习英语的过程中，她也认识了很多外国网友。

她自学了金融、法律、旅游方面的知识，还买一些廉价的化妆品学习化妆，去王府井淘买跟杂志款很像的衣服，模仿明星的穿搭。

毕业后，倩倩以优异的成绩和良好的形象气质，敲响了一家世界500强企业的大门。那时候我的月薪只有2000元，她就拿到5000多了。当我换了3份工作才拿到5000元的月薪时，她已经成了年薪30万的职场"白骨精"了。

后来，倩倩被外派到英国工作，薪水又涨了很多。回国后不久，她辞职开始创业，虽然公司不到一年就倒闭了，她却不气馁，决定卷土重来。

现在她逛燕莎不用故作大气地不去翻价签了,她只看款式。我到她家,感觉一切都是大气美好的,地毯柔软舒适,随处可见有特色和美感的小物件,卫生间里的洗手液、沐浴乳等都被灌到了精致的瓶子里面。

虽然她经历了贫穷,但从她身上和家里,我完全看不到"小家子气"——没有什么都舍不得买的局促感,也没有奢侈的消费观。她在别人看得到、看不到的地方都有不菲的配置,这一切都是为了让自己活得更舒服、更精致,而不是为了显摆。

每次见到倩倩,我都觉得她浑身散发着淡定从容的光芒,越来越美了。我想她身上的这种光芒是与过去的自己和解,并不断提升自己的眼界带来的。

4

我清楚地记得一个美到发光、淡定从容的姑娘,曾经以美妙轻快的语气,向我讲述了家乡的猪、羊、青山绿水,那里朴实的民风,还有一条忠诚的大黄狗,并热情地邀请我去玩。她对家乡满满的爱感染了我,让我觉得她像一个来自世外桃源的仙子,淳朴,恬静,闪闪发光!

我的好友大斌是一个时尚帅气的室内设计师,他的家乡给了他淳朴善良的性情,他经常用朴实的文字写家乡的麦田、搭牛棚的外公……无论经历多少欺骗,他的眼睛依旧清澈,全身散发着果敢、热忱的少年气质,这种坦荡不是城市给的,而是自己赋予的。

"大表姐"刘雯来自一个普通的小城市,但走在国际超模旁边,她也不露怯,因为她自信地欣赏自己,不在乎别人的眼光。

无论你是从哪里而来,从容淡定的模样,就是对自己的态度。当你接纳了自己的不完美,世界才会认可你。

小家子气,绝不仅仅是缺钱。爱自己,也不是大把地给自己砸钱,让自己看起来很富有,而是关怀自己内心深处的希冀和渴求,接纳自己出生以来所带有的印记,摒弃没有必要的羞耻感,变成一个从灵魂深处散发能量的人!

08　人生的弯路，我偏要任性地走一次

1

有位姑娘在我的微信公众号后台留言：

我和老公谈恋爱时，父母就觉得我老公不好，不同意我们结婚，但是我当时特别想脱离强势的父母，成立自己的家庭，就执意要嫁。

但婚后不到一年，我就发现了老公身上的各种毛病，懒、不上进、总泡在网上、到处借钱，甚至透支我的信用卡来打赏女主播，对家庭一点责任感都没有。但是我也不敢离婚，不是怕我老公，就怕我爸妈说我"你早干吗去了"。从小到大，他们的口头语就是"早干吗去了"。

初中时，我沉迷于小说不好好学习，初二时突然悔悟了，很想好好努力，但当时我的学业又跟不上，就鼓起勇气跟我爸妈说想留一级好好学习，考个好高中，但我爸妈不同意，说早干吗去了？留级多丢人。当时我学习压力很大，大把大把地掉头发。

我刚刚把您的文章《人生没有太晚的开始》发我妈看，想看看她的意思，她说这写的什么乱七八糟的，这些人早都干吗去了？

我内心真的很绝望，我害怕跟她说想离婚，但是我和我老公一天都过不下去了。难道人生真的是错一步，步步错吗？人生真的不允许我们后知后觉，不允许我们后悔和补救吗？我们就是要早知道一切，就一定能过好这一生吗？

2

从姑娘的留言中，我能感受到她强烈的不安，对未来的迷茫，和对当下的不知所措。

在这里，我不想说我是怎么劝导这位姑娘，去面对自己和原生家庭的。我只是想聊聊她那句疑问：人生真的不允许我们后知后觉，不允许我们后悔和补救吗？我们就要早知道一切，就一定能过好这一生吗？

我们总是听当红的歌手说他从小就有个音乐梦想，听富豪告诉我们他从小就会做点买卖橡皮、铅笔的小生意，听情感专家告诉你，她中学时就知道男女的思维各有不同。我们特别崇尚"早知道"，"早知道"是种眼光，是种洞察，甚至是种天赋。

早知道自己想要什么，就会少浪费很多时间；早知道商业发展规律，我们就能成为商贾巨富。那"没赶早"的我们能怎么样呢？

3

有一个姑娘的学习成绩非常优异，是清华、北大的苗子，但是非要跟喜欢的男生上一个学校，结果她喜欢的男生跟别人在一起了。她出国留学，有很好的工作机会，但为了结束异地恋，背着父母偷偷回了国，在男朋友学校旁边，开了个业绩不太好的咖啡厅，后来还是"被分手"了。

为了爱情，她可以不要自我，不想未来，毫无事业心。她不知道"自己"是什么概念，谁劝也不听，她就是无法"早知道"那些独立自主的道理。

这个姑娘就是我，一个近30岁才看见"自我"的人，一个到现在才把自己活得有些许丰盈的人。现在的我有了自己愿意投入全部心血的事业，能影响和帮助很多姑娘，我为自己的存在而感到自豪。

我的确没有早知道自己未来的路，但是"不晚"也很好啊！我相信就是有很多姑娘像我一样"早不了"：

就是要莽撞又倔强，头破血流才能明白一些浅显的道理；

就是不知道自己想要什么，要与世界不断碰撞才能找到未

来的路；

就是没什么兴趣、爱好、天赋、特长，要不断尝试，见识很多人和事，才可以闪现一点灵光。

……

允许自己"早不了"，是对自己的一种接纳，不要因为害怕那句"你早干吗去了"而麻痹自己，不敢醒悟。

我们要允许自己莽莽撞撞地跑错赛道，要允许自己的幡然醒悟。但是反应过来时，要毅然决然地跑回来，不徘徊，不犹豫，不怕被别人甩得很远，因为那就是我们要走的路啊，因为未来的路还有很长！

4

我们不要怕晚，而是要怕不敢、怕不允许——不敢承认自己走了弯路，不敢面对既定的事实；不允许自己的笨拙，不允许自己的缓慢，不允许自己和别人的差异。

亲爱的姑娘们，余生很长，不必慌张。有时候，人生的弯路，我们是非走不可的，只有这样，才能更好地看见未来的路。没有趁早找到未来的路，我们就趁还不晚的时候努力！

世界运转的速度总是很快，我们总是喊着来不及，所以每天都消极而沉重。如果这时候有人愿意幡然醒悟，有人愿意爬出悬崖，有人愿意缝好受伤的胸腔，有人愿意蓄势待发，重新开始，我希望你能说一句"太好了，一点都不晚呀"，而不是"你早干吗去了？"

因为你的宽容和善意，才能让这个世界更美好！

Part 4

余生
就不用您指教了

01　不懂欣赏你的人，配不上你的余生

1

郝佳是一位律师，身高181厘米、鞋码41的她，还特别喜欢穿高跟鞋，欧美品牌的衣服随便穿一件都是名模气质。加上有着"律政佳人"的英气，无论走到哪里，她都能带来一股强冷空气。

郝佳的外表不受普通男士的喜欢，更何况她的智商很高，不仅上通天文，下晓地理，还懂心理学，逻辑非常缜密。如果有人跟她吹牛，她会立马找到漏洞，毫不留情地反击回去。所以圈内盛传她情商低，连给她介绍对象的人都没有。

很多人劝郝佳别穿高跟鞋了，换一个色号温柔一点的口红，这样会显得亲和一些，别人说话，有时候要装作不懂。

听到这种言论，郝佳总是忍不住翻白眼，她说："我找对象还得靠演技啊，他们自己不自信，关我什么事，还要怪我的高跟鞋和大红唇？"

后来，郝佳嫁给了老冯，一名IT（互联网技术）男。身高

178厘米的老冯站在穿着高跟鞋的郝佳旁边,明显矮了一截,但他一点也不觉得自卑,幽默地对郝佳说:"媳妇,挽着你,显得我特有钱!"

郝佳和老冯算是网友,某历史论坛认识的。郝佳说:"当时从老冯发的帖子中,我就能看出他有着极高修养和非审判型的价值观,还特别有包容心,太适合偏激的我了。再一聊,我发现他也在苏州,还单身,所以,我当时就认定他是我要找的人了。"

说不上谁追谁,他们两人很快就在一起了,现在连二胎都生了。老冯喊郝佳"傻大个",郝佳喊他"冯东坡"。

郝佳说:"冯东坡没事就把唐诗宋词、现代诗、打油诗挨个'祸害'一遍,写得不怎么样,但是我看着就是很喜欢。"

老冯说:"每次看到气质超群的郝佳,在法院里唇枪舌剑、气势磅礴的样子,我心里就会想这就是我媳妇,真骄傲!"

3

恩琪在一家跨国公司做高级公关经理,她明眸皓齿、巧笑倩兮,还特爱美。在我与她见过的几次里,我还没见过她穿过同一套衣服。

妩媚、性感、高情商、工作狂、女汉子、毒舌、败家,这些都是她的标签,她会根据不同场合随时切换自己的模样。

恩琪的异性朋友有很多，平时她也有很多应酬，这一切都让她看起来不像一个好女孩。很多人说她适合做红颜知己，就是不适合做老婆，因为一般男人驾驭不了她。

后来，恩琪嫁给了大麦，一个小她两岁、收入比她低很多的体育编辑。据说，当时大麦家人不同意他俩在一起，觉得恩琪看起来不像正经过日子的人。大麦据理力争："她是一个特别好的姑娘，娶了她，我的后半辈子肯定特别美好，换了谁都会差股劲儿。"

当她婆婆笑着把这条短信给恩琪看时，恩琪感动得泪流满面。

大麦的网名叫"恩琪家的厨子"，因为恩琪说吃了半辈子餐厅，腻了。大麦的电脑桌面上有个文件夹叫"恩琪的饲养指南"，打开一看，全是菜谱。

大麦喜欢观看各种体育赛事，恩琪现在也变成足球、篮球等各种球类运动的球迷了。她经常会很骄傲地说："大麦真厉害，那么多运动员的名字和特点，他居然都记得。"

现在，恩琪的应酬越来越少了，"工作狂"的特质也弱化了很多，跟大麦过起了美好的小日子。我们问："你当初是怎么看上大麦的？"

"他说我可爱，像个小女孩。"恩琪如是说。

4

郝佳、恩琪是很多姑娘的缩影,她们知道人生一定不能将就,所以就更加勤奋、努力、拼命,让自己在独行的日子里,也能对抗这个世界的"善变"。

像老冯和大麦这样的男人很少,他们的物质条件虽然并不突出,但是内心丰盈。他们既能欣赏这些姑娘,与这个世界的相处方式,也能看到她们的本质就是需要被宠爱的小女孩。

和那些以物质支撑自信的男人不同的是,他们有着强大的能量,这些能量足以让他们欣赏优秀的女人,并愿意为她们的成就鼓掌。他们不自卑、不嫉妒、不介意别人的看法,经营着自己充实的生活。

姑娘们,不懂欣赏你的人,配不上你的余生,你们要相信总有和你同频的人会来到你身边,看穿你的保护色,对你说一声"嗨,小女孩!"

02 我的安全感，不用你给

1

跟哲先生恋爱后，很长一段时间内，我都恍恍惚惚，不敢相信这是真的，总觉得年轻、帅气，身为行业翘楚的他，怎么会喜欢我这么一个其貌不扬的小设计师。

哲先生笑着说我有种令人心安的美好，只是我自己不知道。

我胃不好，爱赖床，他每天都会早起给我熬小米粥，然后把我从被窝里拖出来推到洗手间，把挤好牙膏的牙刷递到我手上。我会帮他烫平衣服、煲汤、按摩僵硬的后背，在他设计方案到深夜的时候，给他榨一杯芹菜胡萝卜汁。

这样有稳定的工作，有深爱的人的生活，让我觉得人生如此美好。

2

后来哲先生自己成立了工作室，他的拍档Ann是业内小有名气的建筑师，貌美如花且才华横溢。

我初次见Ann时，她穿着一条酒红色紧身背心裙，裸色细高跟鞋，腰背笔直，身材曼妙。哲先生站在我们中间介绍彼此时，我竟觉得他们看起来无比般配，连Ann看他的眼神，也像极了默契的情侣。

哲先生对Ann赞赏的态度令我陷入了极度的不安中，曾经坚实的安全感开始一点点塌陷。我开始翻看他的手机、邮件、相册。他一出差我就不停地打电话，打不通就发脾气。他指责我无理取闹，我哭着闹着索取安全感。

3

在第N次翻看哲先生的手机时，他忍无可忍，把手机摔得粉碎。我歇斯底里地大哭，摔了能看到的一切东西，当时我的脑海中全是"你为何让我如此痛苦"这句话。

在转头的瞬间，我看见了镜中的自己，头发凌乱、满面妆垢，眼神里充满怨恨、愤怒、自卑，面容扭曲丑陋……简直触目惊心！

我不敢承认那是我，不敢想象这个样子的我此时就映在哲先生的眼里。之前的那种令人心安的美好，此时像极了讽刺，我怎么变成了现在这个样子？

第二天，我发信息给他："对不起，保重。"

他回:"你也照顾好自己。"

4

这段感情中,所有的挣扎与痛苦,都源于我缺失的安全感。我从内心深处认为哲先生配得上更好的人,而把自己变成一个更好的人太难了,就干脆撒泼、哭闹、哀求,希望能被施舍一些安全感。

离开他之后,我开始早起、学习、健身、努力工作,我把曾经以爱为生的那份偏执,都放在一切能令我变得更好的事物上。我把曾经胡思乱想的大把时间,用来读书、写作、画图。

我会给自己做一顿精致的早餐,给自己买一束香水百合,为自己添置一些有品位的小物件,在点着熏香的书桌上研究设计案例……努力所带来的美好,开始慢慢地在我的生活中展开。

后来,我和哲先生在一个项目会上遇到了,我们相视而笑。他说:"你变了很多。"我在他的眼神里,我看到自己变得更好了。

一段突然失去安全感的感情,或让人变得卑微,或让人涅槃重生。但是,只有真正经历以后,我们才会明白,**安全感只有自己能给自己,不用依赖别人。**

让自己变得更好,才会在遇见优秀的他时不心慌、接得住、端得稳,无论他身边有多少优秀的姑娘都不会自惭形秽。

因为，彼此势均力敌，才会消灭一切焦虑和惶恐——这才是最好的爱情！

姑娘，希望在拥挤的人潮之中，那个衣着精致、腰背挺直、面带笑容的人，是你！

03　你凭什么觉得，我会一直在原地等你？

1

柳清歇斯底里地哭着说："三石拒绝我了，他曾经是那么爱我啊。"

我拍拍她的肩膀说："你自己都说了，那是曾经啊。"

柳清继续抽泣着："他说已经不爱我了，你说可能吗？"

我很想斩钉截铁地说"可能"，但还是假装犹豫了一会儿才说："何必追究真相呢，接受结果吧。"

我问柳清："你为什么以为他过去竭尽全力地爱你，就会一直爱下去呢？"

她擦了下鼻子，忽闪着被泪水打湿的睫毛，望着我说："那你说，他为什么会停止爱我呢？"

"因为地球自转，潮涨潮汐，时间流逝……因为你昨天看到的一块石头，今天也多了一层尘土……"

2

讲起柳清和三石的故事，真是令人唏嘘感叹。

柳清和三石是大学同学，那时柳清跟一个满身光环的少年谈恋爱。看见光环少年，她每天都小鹿乱撞，幸福满满，畅想着两人的美好未来。而三石，只是她身边一个问作业、借笔记的学霸朋友。

后来柳清失恋了，在食堂吃饭时，鼻涕和眼泪都流到了饭里，三石走过来说："别吃了，恶心死了"。

他把柳清的饭，倒进了旁边的垃圾桶里，说："走吧，我请你吃好吃的去。"

三石跟柳清表白的时候，给了柳清一个大书包，里面是柳清生日、圣诞节、情人节、七夕、新年时，为她准备的礼物。

回到宿舍，柳清打开了书包，舍友们都围了过来，发现里面有音乐盒、水晶苹果、手链、记账本，还有一个厚厚的绘图本。打开绘图本，里面画着柳清各个角度的画像。

柳清还没怎样，有个舍友就哭了："柳清，有生之年遇见这样一个爱你的男生，你不亏了。"

柳清拿起手机给三石发了条信息：谢谢你为我做得这么多，我很感动。

三石回复：为什么要谢我，我做这些事的时候很开心。

柳清哭得稀里哗啦，心里想的是，为什么光环少年没那么爱她。

后来光环少年和柳清复合了,三石说:"希望你们这次要好好的。"

柳清回复道:"会的,对不起!"

3

毕业时,三石进了一家知名的策展公司,柳清和光环少年一起出了国,临行前,她收到三石的短信:再见,祝好!

出国的第二年,柳清和光环少年又分手了。那时是中国的深夜,她在QQ上发了一条动态:一直害怕失去他,现在发现,我害怕的只是失去本身。

三石的QQ头像闪烁了起来,柳清点开对话框,三石问她怎么了?

柳清哭了,她回复:你能来看看我吗?

三天后,三石出现在了佛罗伦萨的街头,柳清泪眼模糊地说:"你为什么对我这么好,我有什么值得你爱的?"

三石帮柳清擦了擦眼泪,说:"我也不知道,但是我就是爱了你好久啊,从第一面直到现在!"

柳清说:"我们在一起吧。"

三石深情地望着她,拨开她额前的刘海儿说:"再等等吧,等你好了。"

三石等了柳清半年,柳清却爱上了一个韩国的新锐设计师,她对我说:"他真的超有才华,充满魅力和热情……"

"三石呢?"我问。

"感情,就是不能勉强,怎么办呢?"

4

后来,柳清跟我说:"我要回国了。"

"韩国设计师呢?"我问。

"分手了。"

回国后,三石请她吃饭,他问三石:"三石,你谈恋爱了吗?"

"没有空啊,工作特别忙。"

柳清准备创业,做一个自己的原创饰品品牌。三石帮她找各种资料、整合资源、引荐人脉,像一个拿了大股份的合伙人一样,但其实他只是爱她而已。

柳清说:"三石,我们恋爱吧。"

三石宠溺地望着她:"这句话应该是我来说的,柳清我爱你,余生我们都在一起吧。"

半年后,当初的光环少年回国了,找到柳清,柳清哭着打电话给我:"我还爱他怎么办?"

"柳清,别犯贱。"我骂她。

柳清对三石说:"对不起,我知道像你对我这样的男人,我再也遇不到了。"

三石说:"保重吧!"

5

柳清的确没有再遇到过像三石这样的男人。

有一天,柳清突然对我说:"我在30岁生日前发现了一件事,我爱上三石了。"

"你靠什么爱上他的?你们一年没见了吧。"

"靠回忆啊,我总是想起我们的过往,他为我做的那些事,他的表情、他的眼神、他的温柔,一遍又一遍,我发现我爱他。"

"柳清啊,你是不是太闲了啊!"

她发信息给三石:我们可以在一起吗?

三石却回了一句"对不起"。

……

柳清终于不哭了,安静地瘫在那里,喃喃地说:"我好难过啊,为什么?"

"你凭什么觉得,我会一直在原地等你?"我替三石对她说。

04 我不怕你离开，短暂的痛唤醒长久的梦

1

萱萱回老家参加爷爷的葬礼，回来时脸色略显憔悴，我安慰她说："不要太难过了，老人家毕竟80多岁了……"

她摇摇头说："你知道吗？家里人终究还是把爷爷和奶奶合葬了，我说可不可以不要葬在一起，被骂得很惨。"说完，她的眼泪就哗哗地流下来了。

萱萱的奶奶特别温柔和善，爷爷却暴躁专横。萱萱还记得奶奶抱着她看电视时，由于没有听见爷爷的叫唤，一个盘子就飞了过来，刚好砸到了萱萱的眉骨，她痛得哇哇大哭。奶奶却顾不上哄她，赶紧去做爷爷吩咐的事，满脸慌乱。

萱萱9岁时，奶奶用半瓶农药结束了自己的生命。她记得已经故去的奶奶的脸上没有痛苦的表情，反而一脸平和安详，像睡着了一样。看到爸爸、姑姑们哭得死去活来，她才知道疼爱她的奶奶再也回不来了。

邻居们一直说萱萱奶奶那么好的一个人，又儿孙满堂的，

怎么那么想不开呢？萱萱也经常哭着想奶奶，她不明白奶奶怎么舍得扔下自己就那么走了。

长大后的萱萱才逐渐明白，无论儿女多孝顺，孙子多可爱，毕竟，那惶惶不安的每一天是需要奶奶一个人面对的。然而，没人意识到奶奶的痛苦，似乎谁也不能把她拉出绝望的深渊。

萱萱抹了把眼泪说："在那个年代，字都不识的女人们哪懂什么离婚，离了婚该怎么生存呢？对于奶奶来说，逃离噩梦般婚姻的方法，就只有死别，没想到20年后，她还要和当初她要逃离的人在一起。生前没得选，死后还没得选，她的人生从来没自己说了算过。"

2

我的外公在我最小的舅舅还没满月时，就带着一个女人离家出走了，外婆艰难地支撑着一大家子的生活，弄得自己伤病累累。

后来，外公有了音讯，他在一座边境小城发展得很好，把我的阿姨、舅舅们都叫了过去跟他做了生意。他们虽然对父亲满心怨恨，但是，显然，一眼望不到边的贫困更可怕。

这一切对外婆来说是残忍的，她终日痛恨的负心汉又出现在了她的眼前。她唯一能做的就是这样咒骂着他们，一年又一年。后来，日子久了，她的恨意也淡了，她的生活就是带带孙子，逛逛公园。

后来，外公突然去世了，跟了他后半辈子的那个女人被赶回了老家，外婆愤愤地说："这就是她的报应……"

去年，外婆病重，她一生坚韧强势，在病床上却几近恳求地说："我死后不要把我和那个坏心眼的人埋在一起。"

最终，他们还是被合葬在了一起，儿女们说："不合葬怎么办，他们没有离婚，还是夫妻，难道让他们在另一个世界孤苦伶仃吗？"

我知道，无论是外婆，还是那个跟着外公的女人，都是那个时代结出的苦果。外婆在遭遇背叛后，在愤恨中度过了自己的一生；那个女人一生都不能光明磊落地活着。最终，谁和谁葬在一起，就看最初的姻缘，谁都没得选。

3

我们常听到的老一辈的故事，都是平淡朴实，又让人很感动的，他们相守一生，成了彼此的依赖，却很少听到萱萱的爷爷奶奶和我的外公外婆这样的故事。但是没有听过，不代表不存在。在那个时代，约定俗成的婚姻，让一些人受尽了苦难，死后也逃脱不了。

如今，时代变了，我们虽然做不到和自己爱的人在一起，但是却可以选择不和谁在一起。一段感情结束了，还可以寻找下一段。遇到了错的人，说再见后依然可以潇洒上路。遭遇了噩梦般的婚姻，可以勇敢地挣脱……

我们不怕任何人离开，因为短暂的痛，会唤醒长久的梦。我们有那么多选择，再也无须被命运推着向前走，摊开双手说"我没得选"。

现在的时代，对每个人来说都是最好的时代，我们可以策马扬鞭去自己想去的地方，扬帆起航去找寻属于自己的归宿。

愿你生活辽阔，内心丰盈。

05　失望都是"攒"出来的，不爱也是

1

有一天，我跟好友们约下午茶。我们都是单身，所以聊天的主题从工作、穿搭、口红，突然扯到最近被情侣虐的经历。

萱萱说："我同事过生日，她男朋友送给她了一辆mini cooper s（汽车型号）。这也就算了，因为同事有颗少女心，她男友就把车改成了Hello kitty（卡通人物）的图案，车里面也塞满了公仔……"

珊珊说："姐夫在免税店发微信求助我，问我什么牌子的化妆品好，我姐喜欢哪几个包……经过我的指导，姐夫花了5万多给姐姐买了礼物，还嘱咐我要保密，想给她个惊喜……"

听到这些，我们被"虐"到表情扭曲。

这时苏青说："你们不会有我惨，我现在回忆起'被虐'的经历还心有余悸……你们做好心理准备，到底要不要听？"

苏青这么卖关子，成功点燃了我们的"八卦"热情，赶紧催促她："快说快说，是不是谁耗资千万送豪宅了啊。"

苏青不屑地撇撇嘴说:"你们这些见钱眼开的女人,不是每个男人都有这么强的实力的,除了钱,难道就没别的办法表达爱意了吗?"

"别卖关子了,快说快说!"

2

苏青喝了口茶润了润嗓子,讲起了她被虐的经历:

"上个月,我们公司为了赶一个项目,一直在加班,搞得我们周末都没时间休息。周六的时候,我们部门一个设计师小伙儿,在我工位附近转了几圈,还是我忍不住问他是不是有什么事找我,他才走过来支支吾吾地说:'苏青,我能不能申请晚上不加班啊,工作我回到家里也可以做。'

"我内心对不加班这件事本来是拒绝的,就对他说:'你要知道,在现场的协调沟通会方便很多,忙过这几天,大家就可以休息了。'

"他沉默了一会儿,好像给自己鼓足了勇气,说:'我上周答应了女朋友,周末要跟她一起吃晚饭的,她知道我喜欢吃酸菜鱼,特意跟她妈学的,在家里练了好几次,今天早早就来我家准备了,忙活了一下午,发了两个信息,问我能不能回去吃晚饭,我实在不忍心让她的期待落空……'

"说完,他像等待审判一样看着我,完全不知道此时的我是多么感动。我微笑着对他说:'因为我是女士,你这个理由成功地说服了我,换个男领导就不一定了。你早点回去吧,但别耽误了进度。'

"看我同意了,他两眼放光,开心得像工资加了50%,连恩带谢地跑去收拾东西去了……"

3

听苏青讲完,我们忽然都沉默了,用无声来掩盖内心的五味杂陈。

苏青说:"那小伙儿平时挺木讷的,工作也很吃苦耐劳,这是他第一次请假,没想到是这个原因。很多男同事的感情都状况百出,大多数人都会抱怨女人难哄,其实,他们只要跟这个小伙儿学习下就可以了啊!"

我们纷纷感叹,女人有多难哄呢?其实只是男人不想哄而已。不让她们的希望不落空,怎么会不皆大欢喜呢?

萱萱说:"我那次出差去南非一个半月,那边的办事处被打劫了,当时把我吓得半死,终于熬到了回国。男朋友答应来接机,飞机落地的时候,我想着就要见到他了,满心欢喜。结果打开手机却收到他的短信,他说公司有急事来不了了……我当时就哭了，不是不懂事，就是难过！"

我接过话来："我懂啊，很多人不理解我为什么跟××分手，觉得他又帅又多金，是我太'作'了吧……其实他们不理解，你精心打扮，满心喜悦地想跟他共进晚餐，他因为公司有事就放你鸽子了，你的内心有多失落……约好了一起去塞班岛度假，你兴致勃勃地早就买好了泳衣、沙滩裙、帽子、防晒霜，也学习了很多摄影技术，他却忽然告诉你一个新项目启动了，时间排不开，你有多恼怒……很多次爽约以后，你就会产生巨大的失落感，这种失落感会像黑洞一样吞噬你的热情。生活里有什么大风大浪能结束一段感情？无非是一点点累积的小失望……"

珊珊叹了口气说："男人总说女人贪婪，要物质也要精神，可女人总觉得自己想要的不多，只要别让我们一次又一次的失望而已。"

4

苏青说："其实很多人不希望项目出状况，周末要加班，这都是不可预期的。同事们都在加班，小伙子也不好意思回家吃酸菜鱼。然而令他鼓起勇气来跟我请假的原因，一定是他有更多的同理心，他想到了女朋友为了做酸菜鱼所付出的努力，不想让她失望。"

"如果他没回去吃饭,女朋友也许会很懂事,不吵闹,也不冷战,等他回去时帮他热一下,但是那一刻女生的失望与伤心是怎么也不可避免的。他不愿意往她心里戳个洞,呼呼地往里灌着刺骨的寒风,哪怕后来堵上了,那个洞永远也会有裂痕。

"他女朋友不会知道,他能按照约定回去吃饭的艰难过程。这包含了他对女朋友满满的爱和感同身受。"

很多人不会懂,女人在准备与男朋友见面的前夕,内心是多么没出息的欢天喜地和热血沸腾。

其实,没有多少女人是无理取闹的,她们不会不理解你的身不由己。但是,当她的期待和你的其他事务产生冲突时,你总是毫不犹豫地选择后者,她的热情会慢慢被浇灭。她最终怀疑的,并不是你爱不爱她,而是她以后还能不能有期待。

失望,一般都是"攒"出来的,当失落感越攒越多的时候,就是不爱了,就该离开了。

爱情是两个人"处心积虑"地去满足对方的任何期待,大的、小的、一刻的、一生的……你懂我期待的重量,我对你亦如是!

06　别等到失去我，再说来不及

1

萱萱和男朋友分手了，原因听起来很随便，就是男朋友的电话打不通。

那天，萱萱男友开车回老家。萱萱估计男友快到家了，就打电话，发现他的手机关机了。心想可能电话没电了吧，过了一会儿又打，还是关机。

她就坐在那隔一会儿打个电话，一直打到天快亮了，情绪接近崩溃……她脑海中浮现各种场景：他是不是出车祸了；是不是手机甩出去摔坏了，开不了机；是不是被抢劫了，手机、钱包、车都没了；还是掉河里了……

她的脑洞开得很大，把自己吓哭了好几次。

于是，她大半夜给男朋友的朋友们打电话，问有没有人知道男友父母的电话。我当时也接到了带着哭腔的她的电话："J，怎么办啊，我男朋友可能出事了，开车回家到现在都没有消息。"

我安慰她别着急，也许手机没电了，睡着了，或者电话没在身边没听到。她哭着说："不会的，他到家，一定会告诉我的。"

男友醒来给萱萱回了电话，说自己到家已经是后半夜了，手机没电了就放在客厅充电，自己睡觉去了。被萱萱大骂后，他不以为然地说："我就是睡着了啊，我还能丢了不成？"

萱萱就这样毅然决然地跟他say goodbye（说再见）了，毫不惋惜。

她说："他根本不会为你着想，不会想你会担心，会睡不着，会惊天动地地找他，他就安心地做着他自己，他的生活里没有另一个人。"

2

我非常能理解萱萱的感受，我记得大学时，跟朋友们去一个深山老林里玩，手机没有信号。那半天，我在天然氧吧里无比舒适放松地享受着，但对男友来说，却是崩溃的半天。

手机恢复信号后，我被男友狠狠地骂了一顿，搞得我哭笑不得。在这半天里，他已经构想了我是不是被熊一巴掌拍死了，或者被野猪拱成了重伤，不治身亡了，或者野人把我煮了吃了，或者是掉进了猎人挖的洞里，等等，这些构想足够写出一部恐怖小说了。

我也有"真是大惊小怪啊，我还能怎样啊"的反应，现在想想，那时的我还是太年轻，只会自私地接受着被爱，而不能体会到爱你的人对你的担心。

有一次，我在上海没有赶上火车，只能深夜拼车回苏州。我在好友群里轻描淡写地说自己走错了站，没赶上高铁，改拼车回家了。被好友们骂得很惨，并派了一个人给我打了一路的电话。我安全到家后，他们才放心去睡。

给我打电话的人说："你知道吗，我的内心紧绷到只要手机卡了一点，就觉得要出意外了。"他顺便讲了几个深夜打黑车的惨痛故事，并郑重警告我以后再也别这么大胆了。

当时我的内心充满了幸福。他们都是阴谋论者，哪怕你长得足够安全，他们也为你的安全担心，因为他们爱你。

3

马航MH370失踪的乘客，家人还在执着地等着他们回家；动车事故中遇难的一个女孩的妈妈，当时已经做好了饭正等她回家……看到了无数这些新闻，现在我有了给家人朋友报平安的习惯——不管是开车还是飞机落地，到了目的地，我都会主动跟他们打电话或发微信。

我们总是觉得那些找不到你时，把世界翻了个底朝天，大脑中构建出各种大阴谋的人是大惊小怪，总是回应他们一句"我能怎么样啊"，可是谁能保证每一次离别都可以重逢呢？

阿姨和姨夫在创业初期，姨夫要开着大货车去外地送货，一天一夜才回来。每次姨夫出门后，阿姨都忍不住哭一场。外婆就会骂她不吉利，阿姨说："我忍不住啊，我就是担心，怕他出事。"

每个人都有根植于潜意识对失去的恐惧，越爱就越怕找不到你，越爱就越怕失去，这无关心理素质。就算是一个能在商务谈判里沉着冷静的人，也会因为联系不到爱人而慌张。

普通的朋友联系不上你，会想等明天再联系；而爱你的人，可能会被自己想出来的场景吓到崩溃。

所以，别让爱你的人找不到你，记得报平安，别等失去的时候，再说来不及！

07 女人靠哄，靠宠，也靠懂

1

有一次，我和表弟一起吃饭，他像没脊骨似的靠在椅子上，幽怨地说："我们男人单纯耿直，你们女人的心思跟薛定谔的猫似的，不知道是死是活。"

看着被女朋友拉黑后愁容满面的表弟，我忍不住笑出了声。他报复性地端走了我面前的甜品，说："我说老女人，你还有没有人性啊，你们女同胞失去了我这样德智体美劳全面发展的青年才俊，你不替她惋惜吗？你还笑得出来？"

我斜了他一眼，鄙视地说："女人有多难懂？女人把什么都写在脸上了，你是看不见吗？你女朋友咳嗽，你抽烟，她什么表情，你看不懂吗？"

表弟撇撇嘴说："她直接说你别抽了，我还会继续抽吗？为什么不能直说呢？"

2

我在逛街的时候，曾经偶遇了一对情侣，女孩子试了一件大衣，上身时自动挺直了腰背，在镜子前左右转圈，男朋友说："你穿着挺好看的，买吧。女孩翻了下价签，磨磨蹭蹭地脱下了大衣，边挂在衣架上边说："算了吧，有点隆重，能穿的场合不多。"

女孩挂大衣时，眼神却一直停留在上面，用手轻轻地抚摸着面料，嘴角抽动了一下，有点欲言又止的样子。

男友说："那走吧，别处看看"。

女孩点点头，抚摸面料的手从手掌滑到指尖，轻咬一下嘴唇，决绝地说"走吧"，场景像极了正在下狠心惜别爱人。

我当时特想叫住她男友，跟他说"你女朋友超爱这件大衣你看不出来吗？看她的脸就知道了！你应该坚决地给她买下来，她会开心地觉得自己有世界上最好的男朋友，不是因为你舍得给她买，是你看出她很想要又舍不得，你懂她。"

看不出女孩子想要什么没关系，毕竟物品都是锦上添花的事，但是看不出来她生气了就不一样了。

有次朋友聚会，闺密的男友接到朋友电话喊他去打牌，他对闺密说："要不你们先玩，结束后告诉我，我来接你。"闺密听到这话时，脸色顿时沉了下来，眼神冰冷，嘴角下垂，说："你去吧！"

令我们几个女孩震惊的是，他男友说："好的，你这边结束给我打电话吧。"然后就走了……

毫无悬念,闺密把这件事上升到"你不爱我"的层面上,闹了一次分手。

3

好友翁伟是圈内有名的高情商人士,每次,他和女友敏敏出现在我们面前时,都会感觉敏敏好幸福,甚至让人嫉妒。

有一次,大家组局玩"狼人杀",游戏还没开始,敏敏就接到了老妈的电话,全程用方言吵了起来,我们也听不懂为什么吵架。后来,她的声音越来越大,皱着眉,小脸通红,紧抿嘴角。翁伟马上去抱她,轻抚她的背。

敏敏刚挂电话,翁伟就说:"看把我们宝宝气的,不知道吃点好吃的能不能好?"我们就看着他抱一会、亲一下、摸摸头,很快,敏敏的脸色就"多云转晴"了。

过了一会儿,翁伟轻轻揉着敏敏的头发,说:"你看你现在有我哄,妈妈肯定还在生气,不如你打个电话哄哄吧。妈妈也是女人啊,也有我们敏敏这种脆弱的小情绪,没人安慰的话会郁闷的。"

敏敏噘着嘴说:"我不好意思道歉。"

"以后我们结婚了,你惹到了妈妈,我去帮你道歉好不好,但是这次要你自己来啊,我毕竟还没过门呢。"他又哄了几句,敏敏才给她妈妈发了个信息道歉。而作为目睹了全程的"吃瓜群众",不管是不是单身狗,我们都很嫉妒敏敏有这样会哄人的男朋友。

4

趁敏敏不在,大志给翁伟点了支烟,问:"伟哥,你哄女人真有一套,传授点儿经验吧!我总是莫名其妙地惹女朋友生气,还不知道因为什么。"

翁伟摆出慈父状,说:"首先呢,不惹女人生气是不可能的,毕竟你们小区的树叶落了,都能影响女人的情绪,我的宗旨就是把她的生气指数降到最低,别让她有机会上升到"爱不爱"的层面,连带陈芝麻烂谷子的事儿一起翻出来,就很安全了。"

"那怎么才能把她的生气指数降到最低呢?"大志问。

这时的翁伟一脸骄傲地说:"我总结了一个哄女人的黄金30秒定律,大前提就是你要会看脸色,在她变脸的时候马上去哄,一定别傻呵呵地去问她是不是生气了,等她说出'没有啊'的时候,就晚了。"

听到翁伟这套言论的时候,我差点忍不住为他鼓掌,说:"你怎么这么了解女人呢?的确是这样,每次男朋友问我是不是生气的时候,我就更生气了,心想你是笨蛋吗,这都看不出来。"

翁伟深吸了一口烟,说:"我妈比较任性,还有点'公主病',我7岁起就开始和我爸一起哄我妈了,熟能生巧。"他吐了个烟圈又补了一句,"因为我们爱她,只想看她开开心心的。"

5

我把上述故事告诉了表弟,表弟听了之后叹了口气说:"你们女人什么时候能直爽点儿,想什么就说什么,不用我们猜。"

我给了他一个大大的白眼。我一直认为女人是很简单的,喜怒哀乐都挂在脸上,不像男人那样会克制自己的情绪。和女人相处,不用问"你喜欢吗",脸上有答案;不用问"你生气了吗",脸上也有答案。

没有几个女人擅长隐藏自己的情绪,如果她喜怒不形于色,那你们一定不是情侣。所以,男人们,**抱怨女人喜怒无常都是徒劳的,不要只看到她漂亮的五官,要多看看她眉眼间挂着的情绪,因为女人这种敏感的生物,不仅靠哄,靠宠,也靠懂!**

08　爱你的人，都会把废话当情话

1

有天上班时，同事小七一步三扭、腰肢乱颤地走进办公室，她满面春风、容光焕发。

"看样子你是中彩票了？"我们问她。

小七白了我们一眼，还是面若桃花，"你们这群肤浅的女人，就知道钱，我可是注重精神层面的人。"

"那您究竟是受到了多么巨大的精神滋养啊，美成这样。"

小七双目含春，娇羞地说："人家收到了男朋友写的情书，哎呀，爱情真是太美好了。"然后，一脸陶醉状。

"情书"这个久远的词，让我们反应一会儿，才开始起哄，逼小七交出情书给我们看。结果我们就遭受了"10000吨倾盆而下的狗粮"的攻击，顿时觉得没有情书的恋爱都是假恋爱。

情书里那句"我这个弃剑逃避生活的骑士，愿意为了我心爱的公主重跨战马"，让我们的视网膜发生了奇怪的变化，导致我们看平凡的小七时，就像看一位光芒四射的公主。

同事羡慕地说:"小七,你男朋友的文采真好!"

其实这哪需要什么文采,就算行文逻辑不通,但能在这浮躁的时代里,一字一句地写出这样的情话,本身就很动人。

2

我想,我不能一个人吃狗粮啊,就把小七的情书内容发到了闺密群里,群里瞬间就炸了:"感动,看得心都化了。""没想到现在还有人写情书。""这比直白地说出'我爱你'三个字更动人啊。"……

我疑惑地问:"你们这群平日里没个正经的女人,怎么突然正经起来了?"

她们回答说:"可能我们心里那个不谙世事的小女孩,被唤醒了吧。""可能羡慕嫉妒恨时恰恰需要显得平静吧。""可能是尊重这种传统又浪漫的爱情仪式感吧。"……

的确,写情书一直是一件很浪漫的事。我至今记得我收到的第一封情书的内容,结尾引用了张卫健的歌词:其实你爱我像谁,扮演什么角色我都会……当时我读了好多遍,幻想出了很多美好的场景来。

女人本来就是感性的,当时我的脑海里甚至自动演绎了,他铺开信纸逐字逐句地写着情书的样子,那时他嘴角微微扬起,饱含爱意，我更加爱他了。

很多女人在陷入回忆的时候，大多想不起曾经收了什么礼物，但总能想起一些情话。有一次，我跟好友一起吃饭，她捧着手机刷微信朋友圈，我说："不要玩手机了，快吃饭。"她放下手机，看了我一眼，幽幽地说："我跟我前任异地恋时，他跟朋友吃饭还在跟我聊天，我就说，不要玩手机了，好好吃饭吧，他说他不是想玩手机，他只想一边吃饭一边和我说话，好像我在他身边一样。"

这些情话，足够让她铭记一辈子。

3

小七的男友在情书里写道：

每一次，你装模作样地给我吃一口你的甜筒，又怕我一口咬得太多，满脸担忧纠结，随时准备把甜筒拿回去的样子，让我好想抱住你，告诉你没有人比你更可爱，我如此确定……

写这封情书的时候，我可以想象你在看到时，会捧着手机傻笑，趴在床上托着腮、晃着脚丫看一遍，倚在床头垂着长长的睫毛再看一遍，吃着零食、看着电视，忍不住掏出手机又看一遍。

我想让你一直都处于这种幸福感之中，而不是只有物质上的惊喜,这就是我努力要去做的事……

在这个时代里,有多少人会把一句"我爱你",用这样细腻的方式表达出来,这样的表达会把你在他心里的样子细致地延展开,让你感受到爱的同时,又注入满满的安全感。

所以,我特别能理解小七那掩盖不住的幸福感,一段美好的恋情让她更加温柔了。她说:"以后我生气了,就翻出这封情书看看,提醒自己不要质疑他对我的爱。"

她说这话的纯真模样,像一个从未受到过伤害的初恋少女一样,像从没经历过那些令人沮丧的感情一样。这才是恋爱中的女人该有的样子。

4

"从前的日色变得慢,车马邮件都慢,一生只够爱一个人……"而如今的一切都很快,一夜暴富、一夜成名、一夜绚烂、一夜缠绵。在现在时间的尺度下,每个人都行色匆匆,快马加鞭。

情人节,大多数人表达爱意的方式都千篇一律,或者直接去商场买流行的口红、包包、首饰,或者买一束玫瑰,里面有打印好的、千篇一律的卡片,或者直接转账521元……这就算完成了表达爱意的任务，皆大欢喜。但愿意手写一张卡片的，却难能可贵。

现在，人们之间的感情之所以那么容易破碎，取决于你对这段感情的用心程度。

5

有同事问小七："爱马仕和情书只能选一个，你怎么选？"

小七说："只要我想要，他能买得起的，他就会买给我。他想让我开心，就会写封情书给我，所以我不必选。他不需要考察我是否物质，我也不需要测试他是否舍得，因为我们是相爱的。"

看着小七笃定的神情，他的男友如果知道一封情书会让女友放下焦虑，有满满的安全感，那么他一定会感激自己写下的字字句句。

有人说"我们早已过了耳听爱情的年纪"，也有人说"你们这些女人活该被花言巧语骗"，但其实爱听情话的我们，怎么会分不清花言巧语和温暖厚实的情话的区别呢？

其实，很多情话都是废话，可是当你把最无趣的废话，当成情话的时候，就会给你爱的人带来幸福。

所以，去给你爱的人说些情话吧！去给他（她）写封情书吧！去给暗恋的人一个有仪式感的表白吧！

用传统又浪漫的方式表达爱意，会让匆忙聒噪的生活，在某个时刻慢下来，会给爱了很久的人一丝感动和惊喜，让对方感受原来你的爱如此细致温暖！

Part 5

**我从未放弃过自己，
但跟你没有任何关系**

01　我改变，只是想成为自己喜欢的模样

1

我的微信公众号后台经常会收到这样的留言：

"我很胖，怎么穿，才能显瘦？"

"我太胖了，感觉自己穿什么都不好看，你们能帮我吗？"

看到这些，我虽然有点心疼这些姑娘，但还是会跟她们说："可不可以先制订一个瘦身计划呢，这才是根本啊！"

然后我就会收到诸如没时间、体质问题、管不住嘴、懒得动等类似的回复。

也有人说"你们给胖子搭配好看，才是本事呢，身材好的，穿什么都好看啊。"

其实我们很懊恼自己没本事，只能做些锦上添花的事，让本来就好穿衣的人穿得更有范儿。我们对这些来咨询的姑娘，唯一能做的就是鼓励她们，先制订一个持续可行的健身计划。

减肥的方法有很多种，失败的原因只有一种：没坚持。

我认为没有经历千辛万苦就能瘦，基本上是不可能的。

为什么坚持不了？因为意志力不够，对抗不了自己空虚的胃和迈不开的腿。

为什么意志力不够？因为决心不足，你没有下定决心"要么瘦，要么死"。

为什么决心不够？因为你缺乏想象力，你想象不出胖会给自己带来什么样的悲惨的未来，你想象不出减肥以后，自己将迎来怎样的灿烂欢腾。

2

为了让大家更加明白想象力对减肥的重要性，我决定自曝下"黑历史"，为大家现身说法。

曾经我是一个身高165厘米，体重146斤的肥肥壮壮的姑娘，凭着自己极强的想象力和内心戏，成功甩掉了40斤肥肉。而且10年来，我的体重都没有变化，肌肉紧实匀称，四肢纤细，可以轻松驾驭各种美衣。

作为一名晚熟的"学霸"，我意识到自己是个胖子，是在高考前。当时，我称体重是73公斤，也就是146斤，这个数字吓到了我。俗话说"好女不过百"，我居然超了近50斤。

我回家问我妈50斤肉是个什么概念？我妈指着案板上准备切的一大块猪肉，用刀比画了一下，说这块猪肉大概有5斤，10块同样重量的肉堆在一起，就是50斤。

我沮丧地捏了捏自己肚子、大腿、胳膊、后背和脸上的肉，感觉真的有10块猪肉那么多，我第一次有了想减掉它们的冲动，然后给自己定了个目标：高考完，就去减肥！

结果大学开学了，我的体重依然没有任何变化。

报到时，在拥挤的人群中，我一眼就看到了负责接新生的学长，他高高的、帅帅的，笑起来眼睛像星星一样。他就这样一头扎进了我的心里，把我之前幻想的青春男主角，具体成了现实中的人。

开学后，我开始想方设法地打听他的信息，知道他没有女朋友后，我很开心，宿舍里的姐妹们说："你看围在他身边那些姑娘，都瘦瘦的，再看看你……"她们边说边捏我肚子上的肥肉。

我被她们刺激得叫嚣着要减肥，然后像模像样地节食几天，跑几天，然后一吃就吃一大碗，一坐就坐一天。

宿舍的姐妹们说："就你这意志力，这辈子减肥是无望了，男神你就幻想吧。"

3

我带着50斤多余的肥肉，混进了男神学长所在的社团，那是我第一次与他面对面地站在一起，他棱角分明的脸、好看的笑容近在咫尺。

他说："我记得你，报到时，你是一个人来的。"

听到这句话，我顿时心跳加速，心想自己在他眼里也许很特别啊，居然记得我呢。我开始期待每次的社团活动，幻想他时时刻刻注意我，慢慢爱上我，然后一起风花雪月。但无情的事实是，一次活动时，他忘记了我的名字，喊了我一声"那个小胖妞"。

那是我第一次体会到，原来悲伤时会觉得冷，这时我才蓦然清醒，他不会喜欢一个肥胖的、平凡无奇的女生。

我总是幻想自己是个笑靥如花、身材曼妙的女子，和他风花雪月，你侬我侬。而我晚上做的梦却是这样的：他牵着我的手，像拖着一个行走的煤气罐；他拥抱我时，我肚子上的肥肉被挤到两边的腰上，背影看过去像一块方方正正的肥肉，在为他挡风遮雨；我们坐在一起时，我的屁股占了大半个椅子，我靠向他的肩膀时，他需要极用力地支撑着；夏天，我的每一层长满角质的肥肉上，都流着汗水，随着走路乱颤，散发出一股馊臭味；和我在一起，别人都会说他重口味，说帅哥配恐龙；

很多姑娘从我身边经过,都像看我这个手段毒辣、给帅哥下了蛊的又肥又丑的巫婆……

梦醒了,我哭了。在我所有美好的想象中,我都自动忽略掉了自己是个牛仔裤会磨伤大腿内侧的胖子。我从来没有真的想要通过努力,去变成自己想象中的样子。

即使不能跟男神在一起,站在他旁边,至少也要身材曼妙、笑容温婉吧,至少看上去会很协调,而不是现在这样,像个玩笑。

4

我没有计划什么时候开始减肥,也没有想吃完一顿再说,就在我擦干眼泪的那一瞬间,我就开始行动起来了。

我没去找什么资料、教程,但我知道管住嘴、迈开腿一定没错。然后就开始了"晚饭坚决不吃,除了睡觉一刻不停地动"模式,连上课也要在膝盖间夹一本书,收紧肚子。

3个月后,我变成了瓜子脸,眼睛也大了,胳膊纤细,腰背挺直。我穿上了机车夹克和马丁靴,扎上了高高的马尾,一派英姿飒爽的模样。宿舍里的姐妹们都啧啧地称赞我:"厉害了,你以后就没有干不成的事了。"

瘦了之后,我开始认真学习化妆,研究服装搭配,从一众黑框眼镜、白T恤、牛仔裤的人群中脱颖而出。从此，我的人生仿佛开了挂，不仅成功收割了男神，留下了青春最美好的回忆，也在国外留学时做了时尚买手；然后又莽莽撞撞地混进了媒体圈，到现在自己创业……感觉一路上的风景都很美好。

从那以后，我一直都把瘦下来当作目标，不断地去缩短现在的自己，和理想中的自己的距离，成为自己想要的模样，而不是为了谁，而改变，因为只有成为自己想要的样子，才能无所不能。

5

你理想中自己是什么样子的呢？与男神花前月下？身着职业装，神采飞扬地汇报工作？跟闺密坐在花香四溢的咖啡厅里言笑晏晏？

而现实是，当男神轻揽你的腰肢时，触碰到你的"游泳圈"；当你演讲PPT（演示文稿）时，为了显瘦裹了一身黑衣，像秤砣一样站在了台前；当你和闺密在一起时，你只是衬托闺密的美的绿叶，在人群中没有一点闪光点。

如果这些你都不在意，那就包容你的肥肉，别再抱怨了。但如果这不是你想要的，那改变这一切吧！

要么做个身材曼妙、神清气爽的瘦子,要么做个快乐自信的小胖妞。不要做一个想瘦又坚持不了,却常常有各种抱怨的胖子!

02　挺直腰板，才有气力应对生活的琐碎

1

有一次，我跟好友莫兰约了下午茶。

我们见面后，就感慨时间的飞逝。我们上次见面，还是在我创业之初，她说我放弃了高薪又光鲜的工作去创业，简直是自讨苦吃。谁知，现在的她竟也成了创业大军的一员，开办了一家舞蹈培训机构。

我们互相了解了一下彼此的近况，她就开始跟我大倒苦水，说创业简直是身心双重折磨，让我这个早一点跳进"苦海"的前辈，给她提提意见。

她塌着腰，驼着背，眉头微皱，整个人缩在椅子上，不用说话，我就知道她过得不尽人意。

我给她续上了红茶，说："你看看你，一个学舞蹈出身的人，怎么佝偻在那里，还跟我说你想开一家最棒的舞蹈培训机构呢，这样怎么能行呢？如果我穿得邋里邋遢的，还跟你说，我要做一个给人搭配服装的平台，你能相信我吗？"

莫兰立刻挺直了腰背说："唉！我最近又累又烦，背就不自觉地塌下来了，塌下背来，我好像觉得轻松了一些。"

"但这种轻松感，会挟制你，熄灭你的精气神儿。"我严肃地跟她说。

2

十三四岁时，我就开始有点驼背，外婆会在我后背重重地拍一下，痛得我立马挺直腰背。外婆总是跟我念叨："腰背不直溜儿，不只是难看哟，还一副没胆的样儿，好捏弄。"

外婆说的意思是：驼背不仅难看，还显得没自信、好欺负。

这就是她一生遭遇非常人的疾苦劳碌，依然能保持腰板挺拔的原因。她挺直腰背，只是想告诉生活，无论生活给她多少苦难，她从未怕过，也从未妥协过。

我还记得那年舅舅做生意失败，外婆为了帮儿子渡过难关，卖掉了自己的老房子。我和妈妈去接她来我家住，妈妈想到外婆一个人拉扯他们6个孩子长大，老了本该颐养天年了，却如此坎坷，就忍不住掉了眼泪。快到外婆家时，妈妈赶紧擦干了眼泪，调整好状态，说外婆最烦看到别人哭哭啼啼的。

我们远远地就看到外婆站在门前，腰背笔直，不慌不乱，旁边的两个箱子就是她仅有的家当。东西虽然少，我却看到了她宝贵的财富——那股历经坎坷，却依然不灭的精气神儿！

3

我曾经的一位女上司做事雷厉风行的，干净利落。凡是她所走过的地方，所有同事都会不自觉地坐直，因为她看见谁窝在那里，都会忍不住说"看你那身姿，就写满了懒。"

每次熬夜加班赶方案的时候，同事们累得就差瘫在椅子上了，但你朝她的座位上望过去，会发现她永远是腰背笔直地端坐在那里，面容坚毅，精神抖擞。

后来，她因办公室斗争被排挤走了，离职时她收拾好了自己的东西，跟几个同事微笑着打招呼说不要送，一个人踩着高跟鞋非常潇洒地走了。

她挺拔瘦削的背影，没有丝毫落寞的感觉，淡定从容中透着一丝骄傲的倔强，仿佛不是远走，而是登高！

她留下这样的背影，使在斗争中胜利了的人，都笑不出来，因为她的气场让人倍感压力。

毫不意外，离职后，她在另一家企业发展得风生水起。在一次行业交流会上，我一眼就看到她，她衣着精致得体，昂首挺胸，一副斗志昂扬的样子！

4

我在人群中很容易注意到那些腰背挺拔的人，他们传递给人的，是一种从未妥协的精神气儿，自律且自信，成了我最欣赏的一种气质。

每次我觉得生活苦累或意志消沉时，就会不自觉地塌下身体让自己舒服一些。但当我的脑海中忽然闪现满头白发的外婆挺拔地站在门前，女上司瘦削笔直的背影在众目睽睽下远去的样子，我就会马上振奋起来。

很多人说自己的驼背其实是无意识的，但是就我的观察发现，姑娘们穿上美衣照镜子时，会自然地挺直腰背，毫无刻意。

大家都知道，**理想中的自己肯定是美丽大方、自信昂扬、气场强大的！那是你本来就该有的样子，是你没有对生活妥协的样子。只有挺直了腰板，你才有气力应对生活的琐碎！**

所以，我对莫兰说："我的第一个建议就是，无论多苦多累，腰背都要挺直，要有一副打不倒、压不垮、不低头的气势！你选择的生活是阴郁无聊的，还是自由有趣的，就要看你从这个世界经过时，是佝偻着背神色匆匆，还是挺拔着背气宇轩昂！"

03　有底气的姑娘，从来不在乎相貌平平

1

我给大家描述一位姑娘的长相，请大家在大脑中，想象一下拥有这样样貌的，是怎样的一个人：

她的头很大，小学时人送外号"大头怪婴"；她脖子很短，拍出来的照片都是头连着肩，看不到脖子在哪里；她身体扁平，像个长方体，平胸、粗腰、扁屁股、短腿、粗大腿，上下身比例接近五五分。

她脸歪，眼睛一大一小，眼皮一单一双，眉毛一高一低，太阳穴凹陷，颧骨高且外扩，上半脸看着像菱形，下半脸的腮骨宽大，下巴又圆又平，鼻梁不低但是宽。

她皮肤敏感，有红血丝，脸上的痘印新老交替，上嘴唇薄到一笑就看不见，露出粉嫩的牙龈；她的肤色整体暗黄，头发稀少露出了头皮，做什么发型都会塌下来。

我描述得已经很全面了，大家一定在想，这还有个人样吗？

其实这就是我本人，我所有描述的缺点，都是客观存在的，但是这些缺点能让我看起来很丑吗？事实是大家都觉得我是个美女。很多姑娘都嫌自己不够好看，满身缺点。一照镜子，就充满恶意地把自己当成陌生人，不停地攻击自己，把自己身体的缺点无限放大。这种不满，投射在自己的脸上，才会让自己越来越丑！

虽然大家的审美不相同，但我们必须承认的是：在这个世界上，极端的美女和极端的丑女都是极少数，大多数人都或多或少有些小缺点，胖胖瘦瘦、高高矮矮的普通姑娘们组成了中间战场。

在中间战场里能脱颖而出的人，都是那些对自己的硬件条件有着客观认知的人，她们对自己的形象有着较高要求，并积极努力改善缺点，自信又积极。

2

我读书的时候，是一个优质学霸，认为爱美是不务正业，成绩好才是王道。高三的时候，我身高163厘米，体重却高达146斤，让我痛下决心减肥的，还是要从一场暗恋开始。

我先在2个月内快速地瘦了30斤，然后发现肚子和腿上的肉好像很难减掉，堆积了很多脂肪。

作为一名标准的理科生，我做任何事都喜欢寻找根源，减肥也不例外。我查了很多医学资料，把中医西医关于顽固脂肪的东西，都看了一遍，然后判断我是哪种类型的，再给自己制订减肥方案。

通过读书，我知道了很多关于人体结构、肌肉图谱和医疗美学等方面的知识，知道人最基本的架构是骨骼。骨骼的位置，影响了脂肪和肌肉的附着，如果不改善骨骼变形的问题，顽固脂肪真的是非常难减。

然后，我根据这些知识，调整了减肥方案，把形体矫正变成了当务之急。因为盆骨前倾，我的肚子很容易就凸显出来；因为胫骨外翻，我的大腿上的肌肉也会跟着翻出来，绝对不是单纯减脂能搞定的事。

在进行深度学习研究后，我又发现很多小缺点，其实都是可以通过调整肌肉改善的。比如，高低眉，是因为我说话时喜欢挑眉，一侧肌肉紧张，拉扯着一侧眉毛；脖子短，是因为我脖子前倾严重，脖子的肌肉群都很紧张，拉扯着脖子，再加上不正确的伏案姿态，斜方肌紧张，拉扯着肩膀耸向耳朵，脖子就更短了；脖子的肌肉紧张，会影响我的面部血液循环，导致皮肤暗沉、长痘。

通过大量的形体矫正训练，我的肌肉和骨骼回到了正常位置，脖子变得修长了，腰背变得挺直了，臀线也上移了。因为我的腿部筋骨拉长，我的腿也长了不少，长高了3厘米。

3

为了变美，我开始了解护肤品的成分，找到适合自己的护肤方法。

因为减肥，我身上出现很多肥胖纹，就坚持用橄榄油按摩身体，并交替用冷敷和热敷的方法刺激肥胖纹；我身上有了"鸡皮"（也就是角质毛囊炎），就坚持定期磨砂，洗澡后用添加了精油的润肤乳涂抹全身，从来不落下一天。

经过坚持的护理，我的皮肤慢慢从暗黄粗糙的状态变得越来越好了。

我会经常翻阅各种书籍、杂志，研究服装的搭配，不停地买买买、试试试，来找到最适合自己的穿搭。

经过学习和实验，我发现自己对搭配和色彩非常敏感，衣服不用试，就知道上身后的效果；看到路人，就忍不住想告诉她，如果她的衣服腰线提高点、换双鞋子，会更好看……这也注定我要吃"臭美"这碗饭。

后来，我去了时尚之都意大利，最大的感受是：**美其实就**

是一种影响力，无论你是否有缺点，只要你自信昂扬，就能感染别人的情绪，这样的自己才是最美的，因为有底气的姑娘，从来不在乎相貌平平！

04 真正的蜕变，都找到了适合自己的方法

1

我曾经去北京参加过一个比较隆重的宴会，同被邀请的校友小茵吃饭时对我说："为了能穿上这件礼服，我一天只吃3个苹果、一碗蔬菜沙拉，每天慢跑5公里，硬生生瘦了10斤……"说罢，她捏了捏下自己腰上的肥肉，对我说："我发现，这块肉真难减，你有什么局部瘦腰的好方法吗？"

看着化着精致妆容，却面容憔悴、眼神黯淡的小茵，我摇了摇头说："'局部减肥'这个词不知道是谁发明的，人怎么可能消耗特定部位的热量呢？你腰上的肉减不下去，是因为你减的根本不是脂肪啊！"

2

我有一个一直在减肥的朋友，她几乎尝试了所有流行的减肥方法——七日水果减肥法、轻断食、针灸拔罐减肥、左旋肉碱、涂抹瘦身霜、穴位埋线、代餐粉……反复折腾了好几年，

有时候，她一周就能瘦个七八斤，但是体重却跟过山车似的不停地反弹。然后她又尝试了新的减肥方法，最终的结果是，她看起来似乎更胖了，皮肤和精神状态都差了很多。

每一个减肥的姑娘，都必备一个体重秤，按减掉的体重来衡量减肥是否成功。减重快，就很有成就感；减重慢，就灰心丧气。

作为一个成功甩掉过40斤肥肉，体重10年间基本上再无大变化的人，我经常会质疑一件事：为什么那些一看就是伪科学的减肥法，始终会有人不停地尝试呢？他们为什么把减重作为成功标志，而毫无减脂概念呢？

在减肥之初，我也用过节食的方法，每天把自己饿得天昏地暗，对世界充满了恶意。直到脑力跟不上学业时，我才忽然想起生物课上学的三大营养物质——脂肪、糖、蛋白质的代谢关系，才觉得节食减肥，是一件多么不靠谱的事。

当机体完全不摄入蛋白质和碳水化合物（糖）时，身体就会消耗体内储存的糖原和蛋白质。再加上大量运动，心脏和肝脏里储存的蛋白质，就会被分解掉，引起疾病。

3

在这里，我要告诉姑娘们一个我们必须知道的名词：瘦体重。

我本来认为要减肥的人都会知道这个名词，但令我惊讶的是，知道这个词的人却寥寥无几。瘦体重，指的是人体除脂肪以外的体重，主要是骨骼和肌肉。像小茵那样过度节食加运动快速减掉的，基本上都是瘦体重，真正减掉的脂肪其实寥寥无几，所以腰上捏起来还是一圈肥肉。

有很多姑娘的体重是减轻了，但是人看起来还是胖胖的，甚至皮肤是松松垮垮的，因为她们减掉的都是瘦体重。当肌肉被减掉后，它们对皮脂的支撑能力就会变得很弱，基础代谢能力也会变弱，很容易反弹。

而有些姑娘的体重虽然变化得很小，但是人看起来却有翻天覆地的变化，又瘦又美。因为她们减掉的是脂肪，增加的是瘦体重，两相抵消，体重就没多大的变化。瘦体重增加，基础代谢能力也会增强，促进机体减掉脂肪。

4

为什么过度节食加过量运动，会让体重迅速下降呢？

其实真正的脂肪是不会那么快速被减掉的，脂肪的非病理性分解，每周的上限是两公斤左右，而那些每周动不动就减掉七八斤体重的，其实去掉的是体内的糖原、蛋白质和大量水分。

脂肪的密度大、含水量超低，但是1克糖原就会伴随着4克水。也就是如果减掉1斤糖原，就会掉七八斤的体重。再加上过量的运动，机体为了维持血糖的平衡，可能还会产生皮质醇，去分解蛋白质来生成糖。当体内皮质醇含量过高时，就会造成肌肉萎缩，皮肤失去弹性，骨质疏松，等等。

而这个皮质醇就是糖皮激素，我们常说的"某人通过吃药或打针，导致的激素型肥胖"，指的就是这个激素作用。皮质醇会让我们减肥变得更加困难，所以初期减肥方法错误，后期只会越来越艰难。

总结来说，什么是成功的减肥——瘦体重增加，脂肪减少；什么是半成功的减肥——瘦体重减少，脂肪减少；什么是失败的减肥——瘦体重减少，脂肪少量减少。丢掉瘦体重非常得不偿失，不说健康问题，单是那种松松垮垮的肉，就毫无美感可言。

说了这么多，读者们可能感觉有点晕，会疑惑到底什么减肥方法才是正确的？

人体是自然界已知的最复杂的生物体，根本没有一个适合所有人的方法。当我们决定减肥的时候，一定要养成检测的习惯，自己去实验调整。最简单的方法就是买一个脂肪卡尺，监测脂肪的厚度，而不要迷信于称体重。

虽然没有一个适用于所有人的减肥方法，但是有一个基础公式（非病理性）是不变的：摄入的热量比消耗的少，制造了热量缺口，就能减肥，而且是绝对健康的，不会因为过度节食丢掉瘦体重。所以，你可以先计算出自己每天运动能消耗多少卡路里，然后摄入的比消耗的少500卡路里，就能减肥了。

不要问我做什么运动，任何运动都能减肥，都会消耗能量，只是快慢的问题，要根据你的身体状况和时间来定。如果你有充足的时间，就用抗阻训练加上有氧运动；如果你的时间不充足，就用HIIT（High-intensity Interval Training，高强度间歇训练法），它能在短时间内快速消耗脂肪，不会占用很多时间。本质上还是那句话：管住嘴（摄入的热量要低于消耗的热量）+迈开腿（合理的、适合自己体质的运动）。

大家更愿意相信快速的、不费力的减肥方法，这就是那些"一周瘦10斤，她是如何做到的""懒人7日瘦身法"等标题横行的原因。虽然我没有给大家承诺减肥的效果，也没那么振奋人心，但是适合自己的方法，才能让自己真正蜕变。

减肥这件事，对每个人都是公平的，只有坚持训练，认真计算卡路里，不去尝试任何减肥药，每位姑娘都能变得健康又美丽！

05　我逆袭，绝不是和你分手的成果

1

我和陈思源已经快3年没见了，她打电话说，她要来上海出差，正好来苏州看我，让我"养"她一天一夜。当晚，我就激动得睡不着了，我已经很久没有这么期盼见到一个人到如此程度了。

我和陈思源的关系有点绕，她是我的好友高辉的前女友。我第一次见陈思源时，她从远处走来，顺直的黑发紧贴着头皮，脸上油光锃亮，鼻梁上架了一副黑框眼镜，上身穿了一件宽松的黑色毛衣，勾勒出两条萝卜腿，非常豪迈地晃着过来了，看起来是相当爽朗，且安全无公害。

翻译成白话就是：没人会排斥一个长相平庸且亲和的姑娘。

陈思源真是一个特别好相处的姑娘，每次出来聚会，吃什么她都不挑，还特别能吃。你说自己吃胖了，她就捏捏肚子上的三层肥肉给你看。她特别爱笑，并且笑点奇低，笑起来都能看到后槽牙。

她喊我女神，说我特别符合她心目中女神的样子，所以我特别喜欢她。

后来，高辉聚会不带她出来了，经常带一个身材娇小的妹子，说是女同事。

有一天半夜，我接到陈思源电话，她哽咽着说："女神，高辉是不是有别人了？"

我当时心里飞快地盘算：陈思源现在也算是我的姐们儿了，高辉还是我朋友，我到底该说些什么？

陈思源吸了一下鼻涕，我想象着这个乐天派的姑娘泪水涟涟的样子，忽然就很心疼地说："高辉这个臭男人，你就放弃了吧。"

2

陈思源和高辉分手后，我为了安慰她，就让她搬过来暂时和我一起住，她就拎了两个箱子来到了我家。

我跟陈思源同居了4个月，她胖了10斤，换了两份工作。她有严重的拖延症，并且极度懒惰。我带着她跑步，她走都懒得走。看似乐观的她，其实非常消极。

我骂高辉的时候，他说了一句话让我记忆犹新——"她总是一副过完今天没明天的样子，我说她负能量满满，你相信吗？"听了这话，我当时就骂了他，现在居然有点感同身受。

陈思源的行为，就表明了，她并不知道自己的未来在何处，始终迷茫着，过着得过且过的日子。

陈思源工作稳定后，就搬了出去。过了一段时间，她告诉我公司要派她去南非，她决定去。我说南非太乱了，我朋友在南非被枪击，现在还坐轮椅呢。她当时说了一句我现在还记得的话，她说："女神，如果是好地方会派我去吗？我在国内也是混，出去也是混，还不如看看外面的世界呢！"

陈思源去南非后，我也开始创业了，开始，我们还定期问问彼此的近况。我听她说公司被抢了，电脑、手机都没了；我听她说她正在学英语，但是年纪大了脑子不好使，完全记不住……后来因为时差或者两人都太忙的原因，我们之间的联系就不多了，她也从不发朋友圈。隐约间，我能感觉她在发生某种变化。

她中间回过国，但因为各种原因，我们错过了见面。这次，她终于回来了，回忆便千头万绪地浮现了出来。

3

在高铁站，我用目光搜寻了半天，直到陈思源向我挥手，我才认出她来。

她留着浅亚麻色及腮短发，鼻梁上架了副遮住了半个脸的粉膜太阳镜，上身简单的蓝色条纹衬衫外面套了件有刺绣的夹克，下身穿着军绿色的高腰短裙，脚下穿着一双黑色过膝长靴，整体纤瘦修长。

她冲我咧嘴一笑，还是那么爽朗，只是散发着强劲有力的自信。

吃饭时，陈思源笔挺地坐在我对面，五官精致，充满笑意，我居然有点想哭，"这3年究竟发生了什么啊，你是重新投胎了吗？"

"女神，你说我原来那个样子，你是怎么愿意和我做朋友的？"

我想了一会儿说："可能我有圣母情结。"

我们俩哈哈大笑起来。

"下个月我就正式回国了，现在大老板特别赏识我，在上海总部给了我一个不错的职位，以后我们又可以在一起了，吃喝玩乐都算我的，好好报答'圣母'。"

我着急地问她："快说说你是怎么开窍的，瘦成这样，快跟我说说，是不是因为跟高辉分手受到了打击？"

陈思源笑着说："你别抬举他了，我现在这样，真的跟他一点关系都没有。我认为自己是个挺聪明伶俐的姑娘，只是懒、没追求、无规划，极度不自律又爱逃避，不爱学习。我曾把你当榜样，想变得和你一样努力、自信、好看，可是仅限于想象，从来没执行过，我想这可能是父母影响的，他们都没有什么追求，得过且过，我想跟基因对抗真是太难了。"

"南非那边的传染病特别多，挺恐怖的，我就查资料，看看传染病的种类和预防方法。当时，我就看到了一篇写病毒原理的文章。原来人一旦被病毒感染了，病毒就会想尽办法在人的身上繁衍下去，比如感染了狂犬病的人，就会去咬人；还有一些病毒，只能通过特殊渠道传播，一旦你感染了这种病毒，这种病毒就控制你的激素，让它去传染其他人。就是这篇文章改变了我。"

我一脸蒙地看着她，不知道病毒和改变有什么关系。

4

陈思源神秘地说："你知道我看到这篇文章之后，有什么反应吗？我觉得我就是被一种坏病毒控制了，它就存在于我的大脑里，每当我想要做一点对自己有利的事情时，它就会抑制我。比如那些垃圾食品，不是我想吃，是它想吃……我翻来覆去地思考了很久，下决心去跟这种病毒对抗。你不是让我去吃奶油吗，我就不吃；你不是控制我让我别去背单词吗，我非得背几个。开始我总是输，反抗了一会儿还是被控制了，想想算了,明天再反抗。后来,我告诉自己不能这样打仗,它越是控制我不让我去背单词,我至少要背两个;它越是控制我,让我别去减肥,我至少要扔掉一半汉堡,让它知道我不是那么好欺负的。"

"后来呢?"

"后来,我终于可以赢一次了!"

"再后来呢,我就经常赢。"

"那你的蜕变过程呢?"

"就是习惯了,就赢了啊。"

"那种胜利的感觉,还有比这更爽的吗?我想到自己是一个宿主,就火力越来越强。我战胜了它阻止我减肥,阻止我学英语,阻止我上进的一切控制,我现在也没有松懈对它的反抗。"

"所以你就靠被迫害妄想症,臆想出一个假想敌来重新投了一次胎吗?"

"这才不是被迫害妄想症呢,你不相信有种坏病毒在控制你,让你做一些对自己没什么好处的事吗?一个正常人怎么会做一些不利于自己的事呢?人的本能可是趋利避害的呀!"

5

我特别认真地思考了一会儿,说:"的确,哪有人想让自己变胖、变丑,哪有人会去爱人渣,哪有人会让自己活得没有价值，不是被某种病毒控制了，还能是什么？它一点点侵蚀了我们的意志防线，把我们的躯体变成了傀儡，达到它不可告人的目的。"

她说的话，虽然不通，但如果把自己的懒惰当成病毒，能改变自己，那也是一件好事。

陈思源继续跟我讲了她两年来遇到的一些事，她在和困难战斗过程中的胜利。她得意扬扬的脸上，闪着光芒，是一副永远都打不败的样子。

我想起她曾经那副扶不起的"病毒宿主"模样，真是恍如隔世。

我们听过很多逆袭的故事，他们如何顿悟要改变，只是故事的开始，能变好不是一件容易的事。我们不知道他们到底经历了什么，也许曾遍体鳞伤、血迹斑斑，但全都被现在成功的光环隐去了。

陈思源告诉我，现在的自己才是她喜欢，自始至终，她都没有为了别人而改变，只是想成为最好的自己。

如果你没有变成自己想要的模样，只是被某种病毒控制了躯体，这种病毒或许是懒，或许是无能，它会不断地给你释放控制信息——暂且就这样过下去吧。唯一的解药就是不断地跟它做斗争，在心底告诉自己：我偏不，我想赢！

06　真正动人的容貌，是满脸生机

1

我一个"钻石王老五"朋友，他在37岁生日这天订婚了。

他创立的公司是服务娱乐圈的，从一线明星到网红新人，他合作过的人数不胜数，说他是站在荧屏美女背后的男人，其实一点也不为过。

我们曾认为他会孤独终老，因为他身边的美女太多了，会有审美疲劳。而他却说，他对女人的长相没什么要求，只要差不多就行了。

以前他公开交往过的人都是模特，而这次结婚的对象却是个图书编辑，这让我们大跌眼镜。她的未婚妻目测只有160厘米，长相算不上惊艳，但很耐看，眼睛里始终闪着亮光，令人如沐春风。

在订婚宴上，他说："当我对生活无比焦虑、觉得我所拥有的一切都黯淡无光时，只要她一笑，我的整个世界就都亮了起来！"

伴随着他的话，大屏幕上出现了一张照片：女主手拿两根树枝举过头顶，表情搞怪。配文：哪只粗心的麋鹿丢了角，刚好被我捡到了！

然后，他就开始讲这张照片背后的故事："我和她是在一个活动上认识的，加了微信也没聊过。我经常在深夜的时候，变得很颓废，无聊的时候就刷刷朋友圈，看看美女们不自然的磨皮自拍照。这些自拍照，让你觉得她们就是想获得称赞，没有其他的意思了。所以熟悉的人，我就去留言称赞一句；不熟悉的，我就直接略过了。直到我刷到了她的这张照片，突然有一种想落泪的感觉——两根枯落的树枝，被她捡起来，变成一个欢快的小故事，一个满脸生机的姑娘在隔着屏幕对我笑。我忽然就觉得我不必孤独、不必失落、不必颓废了，这生活还有那么多美好，我的世界就那么被点亮了。我看过无数盛世美颜，最动人的就是这满脸生机的模样……"

我们一群人看向女主，她笑容明媚，眼睛里闪着幸福的光！

未婚妻被主持人问"王老五"是怎么搭讪的。

她羞涩地说："他超幼稚，问我麋鹿的角是在哪里捡的，他也想要一副……"

主持人又问她："'王老五'身边美女那么多，会不会没有安全感啊？"

她大笑着说:"他说我最美啊,我就信以为真呗!"

看着"王老五"深情笃定的眼神,我们都相信他说得千真万确!

都市人因为工作压力,往往会变得焦虑、迷茫,内心长满了孤独的荒草。我们渴望有人走进自己的生活,又不敢轻易交付自己的心,只有将自己大部分的爱给了宠物。

看着两个人幸福的模样,在场的很多人,都感动得落下了眼泪。

2

参加完订婚宴回来的路上,我们一群朋友回想起,之前对王老五感情的预言,我们说文青的他最终可能因为好看的皮囊千篇一律,而选择一颗有趣的灵魂。

预言最终被验证了。作为一个大忙人,他没空去了解一些姑娘,所以就简化了判断的标准,他认为有趣的灵魂投射在脸上,就应该是一片生机的模样。

从飞机起飞之前到飞机落地后,我一直在观察路过我身边的姑娘。有些人沮丧焦虑,有些人不耐烦,有些人眼神空洞,有些人百无聊赖,有些人听着歌、玩着自拍自我沉迷……

而回忆起那些令人愉悦的姑娘,她们生机勃勃的容颜,深深地刻在了我的脑海里。看到她们，就像在冰雪初化、寒意未消、枯黄灰暗的草地里，看到了有一抹绿得让你流泪的嫩芽。

她们勇敢的、倔强的、满怀希望的、热爱的、敬畏的那股力量，在时刻在感染我，让我觉得生命的美好，值得期待。

3

如果生机投射到脸上，我想应该就是舒展的面容、光洁的皮肤、闪着亮光的眼睛。

一个有生机的人，无论他涉世未深还是历经沧桑，眼睛里始终都闪着点点星光，嘴角永远满含笑意。他们没有拧巴打结的眉头，填充僵硬的脸和下垂的嘴角。

如果生机投射到身体上，他们定然拥有挺拔的身姿，有时刻让人感受到向上的力量。他们没有塌腰驼背的防守，和被生活打压的萎靡。

更重要的是，他们由内向外散发的，是对生命的热爱，和面对一切艰难险阻的勇气，不惧怕、不讨好、不自大。

所以亲爱的姑娘们，别再一味追求精致无瑕的容颜了，要学会从内心出发，去热爱世界，热爱生活，找一些有趣的事，来对抗世间的无趣和平庸。

剪掉枯黄分叉的头发，丢掉起球、褪色、变形的衣服，斩断囚禁你、支配你的关系,离开死气沉沉、没有生机的环境。

舒展你的眉头,挺直你的腰背,大步向前走。

你的伤、你的怀疑、你的迷惘,会统统淹没在你从灵魂深处涌出的生机里!

Part 6

**我就喜欢你看不惯，
又干不掉我的样子**

01　得一个真朋友有幸，交一个假闺密遭殃

1

闺密惠子要结婚，找我做伴娘。

我戏谑地说："找我这么好看的伴娘，太抢你风头了吧！"

她撇撇嘴说："那天你就必须抢我风头，知道不？我老公单位的副总裁，就是之前跟你说过的那个'钻石王老五'要来参加婚礼，他不仅人长得帅，人品也超级好，你得成功引起他的注意。反正你就把自己的极限美丽拿出来吧，这是你的硬指标……"

惠子结婚当天，我走进新娘化妆间，看着惠子化着精致的妆，抹胸婚纱裙露出优美的肩颈线条，整体散发着幸福的光芒，我感到特别欣慰。

她在镜子里看到我站在身后，立马眉头微皱，说："你怎么妆化得那么淡，都没修容吧，头发梳得这么贴头皮，显得脸好大啊……哎？你是不是不把我说的话当回事……"说着，她就站起来，边把我推到化妆台前，边让化妆师帮我整理下头发，

补个妆。

惠子是那种一谈恋爱就玩消失，严重的"重色轻友"的人，她会在你需要她陪伴的时候，毅然决然地扔下你去和帅哥约会，简直没有人性。但她是我的真闺密，毫无疑问。

在人生中最重要的时刻，她不怕我比她更好看，愿意让我成为焦点。只要我能找到自己的幸福，她愿意在我的光彩里，笑着戴上戒指，真的很让人感动。

2

我和惠子认识有7年了，我们年龄相仿，身高和身材都差不多，很多人说我们像双胞胎，但其实超好辨认。

她不爱逛街，自己从来都不去买衣服，都是我去买的时候给她带。每次，我们要出去玩的时候，我都要先给她打扮得花枝招展的，再开始打扮自己。她会把我肩上的衣服往下拉一点，说："你胸前没肉，就露点儿肩膀啊，要不一点吸引力都没有了……"

我和惠子认识的时候，她有点驼背，我走路外八，我们就那么互相拍拍打打、"恶语相向"地纠正了彼此的缺点。我们还一起变美，一起玩，一起搞副业赚钱。

我们的审美相同，兴趣爱好也一样，我们还喜欢上了同一个人。当时，我俩就商量说看看这个男生主动约谁，没被约的，就主动退出。男生最终约了惠子吃饭，惠子把这个消息告诉我，我就吭哧吭哧地陪她逛了两家商场，给她挑了一条突出她迷人身体线条的连衣裙，和衬得她腿又白又修长的高跟鞋。

3

有次，我刚跑完步回来，来不及换衣服，就被惠子拉去陪她一起办事了。晚饭的时候，我扫了一眼旁边位置，脸色阴沉地对惠子说："我前男友和他的现女友在那边呢！"

惠子悄悄地拉我去了卫生间，把她的衣服、配饰、鞋通通换给了我，在包里还拿出了一瓶发根蓬松喷雾，窃笑着说："你说巧不巧，这东西刚买就用上了，你看你头发塌的，一喷这个，就有洗过头的效果……"然后就手残地喷得我到处都是。

其实，是不是真闺密，只看这一点就够了——她希望你好看，不在意你比她好看，能消除女人内心的小嫉妒，才能进阶闺密的水平。就像惠子每次转发我的文章，都显摆地说："看我闺密，又好看又有才华！"

而有一些人却打着闺密的名义，表面上亲密无间，实际上却怕你抢她的风头——拍照，只找让自己显瘦的角度，修图只给你磨个皮，却给自己认真地精修。你打扮得比她好看了一些，她就对你冷嘲热讽。不能说她不是朋友，但一定不是好闺密。

我一直偏执地认为那些打扮时尚、美丽的姑娘，和打扮土气、邋遢的姑娘组成的闺密组合，一定是假的。好的闺密不会只顾自己好看，她会希望你也好看，甚至希望你比她更好看。她会嫌弃你的丑、你的邋遢、你的不修边幅，她会不停地唠叨你、改变你，直到你变得好看了。

人和人的长相，可能会存在很大差别。但只要是闺密，你们在打扮和品位上的差别肯定不会很大。

4

很多人可能会跳出来说："有些人就是很偏执啊，我怎么管得了她，每个人的生活都是自己的选择啊。"

的确，我们会给普通朋友提意见，但听不听，那是她的事；但是我们给闺密提意见，不会管她听不听，只要强制她做就好。

小七是我的闺密，我刚认识她的时候，她长得像一个男人，却喜欢小清新风格，还觉得不化妆才是本真。

一开始我就像普通朋友一样，给她一些穿搭意见，她不采纳，也是她自己的事。但是当我们晋级为闺密以后，我开始以各种方式唠叨她——从找对象的标准开始切入，再说升职加薪的方法，再上升到整个人生的高度。我会逼她化妆，逼她换发型，用各种手段鼓励她、引导她改变。我用了整整两年时间，改变了她固执的观念，把她变成了我满意的样子。

如果有人问我为什么要去干涉别人，我会说因为我是她闺密啊！

真正的闺密不是人生导师，不是春风般温暖的好友，闺密像是家人，我们会把自己认为是最好的和对的都塞给她。我们永远不会怕她比自己过得好，比自己更好看！

那些自己美，却不嫌弃你丑的人，都是假闺密，这种关系不会促使你变好；而那些喜欢骂你丑，却拉着你变美的人，请好好珍惜，这是你终身的幸运！

02 你凶的时候，世界就怂了

1

小七来上班的时候一脸菜色，同事关心地问她怎么了。

于是，小七就讲起了她昨晚的经历。小七有个认识了好多年的女性朋友寒雨，两个人平时不怎么联系，但只要寒雨一冒出来，小七就知道必然是她遇到了感情问题。只要电话一接通，话还没说几句，寒雨必定开始哽咽，然后就让小七陪她喝酒、散步、舒缓心情。

一天，在连续加班半个月后，小七终于把手头的工作完成了，她高兴地早早就回了家。她本想先给自己炖个补汤，点上熏香美美地泡个澡，然后就舒舒服服地睡一觉，谁知这时电话响了。一看是寒雨来的电话，小七心里一颤，料定寒雨的感情又出问题。

看看表已经11点多了，小七想假装睡着了没听到，但是电话一直在响，随后，微信语音也嘟嘟地响个不停。

小七想着寒雨的内心肯定非常痛苦，想跟她说说话，缓解一下她的情绪，心一软就接起了电话。还是老样子，没说几句话，寒雨就哭了起来，讲了自己和男友吵架的经过，越说越委屈，最后哭得上气不接下气。她哭着说："小七，你来陪我吧，那个人渣骂了我一顿，摔门就出去了，我自己一个人待着，总是回想起吵架那一幕，太难受了。"

小七在她的美梦和为友谊赴汤蹈火之间挣扎了一会儿，就乖乖地穿好衣服，开车十多公里赶往寒雨家。两个人见面后，寒雨一边拉着小七哭诉，一边打电话断断续续地跟男友吵架。

由于最近太劳累了，小七迷迷糊糊就睡着了。

半夜，小七在恍惚中被寒雨推醒了，寒雨一脸无辜地说："我男友刚刚跟我道歉了……"大致意思就是让小七回去，他的男朋友要回来了。就这样，在两点多的时候，小七又开车十几公里回家了；凌晨三点多，她才爬上自己的床。

小七讲完这一夜的狗血经历，同事们都纷纷吐槽小七的朋友。

作为一个温和的人，我肯定是要安慰小七的，但也不得不提醒她说："别抱怨了，你就是活该！寒雨应该不会只有你一个朋友吧，为啥她就喜欢折腾你呢？就是因为你没底线！"

2

小七是大家公认的好人，她亲和、善良、乐于助人。如果

"好人"这个标签能给她带来愉悦的感受,那也是值得的,但这个标签却让她叫苦连连。

在和人合租时,小七经常吐槽自己的奇葩室友——小七的室友会毫不顾忌地吃她的零食,她还天天帮室友洗碗、倒垃圾。但形成这种局面的原因,还是小七自己造成的,因为她有讨好型人格。刚开始,室友只是要求小七顺便帮她洗下碗,小七就同意了;后来小七煮粥的时候,也会好心地给室友盛一碗……久而久之,自己就成了室友的"保姆"。

在感情里,小七过生日,男友没给她送礼物,她也不计较,所以以后的每个节日,男友都不给她送礼物了;跟男友吵架,她会自己安慰自己,男友也就再也不哄她了。

在工作上,因为她跟老板是朋友,不计较得失,所以也就成了年终奖拿得最少的那个人。

……

这种不跟别人划界限的行为,不只是在纵容他人,还会催化他们人性里的恶;也会把自己变成软柿子,谁想捏一下都行。

3

我的朋友郝佳,是个随时都在标明自己界限的人。跟郝佳相处久的朋友都知道,她从来不过问别人的私事,但是当你真的需要她的时候,她肯定在。郝佳说:"毫不夸张,和别人清晰地划界限所省下的精力,足够让你考过司法考试或CPA(Certified Public Accountant的简写,注册会计师)了。"

很多人会疑问:郝佳这样做,会不会人缘不好。但与之相反的是,我还很少见像郝佳这样人缘好的人。

郝佳讲过她公司新来的女同事坐自己车的事——这位女同事住在她隔壁的小区,有次下大雨的时候,她顺路带了女同事回家,结果那位女同事在天气好的时候,也打电话给郝佳,让郝佳接她,看到郝佳准备下班,她也慌忙收拾东西,准备去蹭车。

郝佳直接说:"很抱歉,我比较享受独处时间,因为我可以跟着音乐放松自己,你坐我旁边,我就不好意思了。如果天气不好,我可以带你,但是天气这么好,希望你能理解下我的需求。"

女孩脸一红,慌忙地点头。后来郝佳也会在下雨时主动提出带女同事一起回家,现在,这位女同事到处说郝佳是个特别nice(令人愉快的)的人。

郝佳有个理论:试图越线,但被你赶出去的人,如果从此记恨你,那就证明这是个拎不清的人,相处下去,也是一个麻烦。

我觉得这个理论特别好,因为划界限而得罪人,充其量就是我们生活里鸡毛蒜皮的小事,不值得我们计较。

4

有人说，自己划了界限也没用，有些人就是天生没有界限感，就是会侵略别人的空间。可事实真不是这样，这些人可不是对谁都没界限感，他们只是对没有划界限的人无界限感，他们都是在试探性地越线，而不是一开始就敢跨大步子，他们是有风险评估意识的。

其实，回头想想，是不是当你凶的时候，世界就怂了。我们天生就是有划界限的意识的，在婴儿的时候，我们就不喜欢陌生人的触碰，拒绝父母以外的人突如其来的亲昵；上小学时，我们会在桌上画一道"三八线"，警告同桌不要过线；工作后，我们有自己的职能范围，会公私分明，不允许别人私自干涉自己；作为自然界的一员，我们跟所有动物一样，都喜欢圈出自己的领土，在自己的领地上自由生长，谁跨进来一脚，都会影响我们的愉悦度。当你划出了自己的界限，那些想要进入你领地的人，会瞬间就怂了。

很多的混乱，都是由于自己不划线，任由别人入侵自己的领地开始的。

小学时，我看到我妈随手翻看我的日记本，我当时特别严肃地告诉她，那是我的隐私，即使我放在明面上，你也不应该看。我还会明确告诉我妈，要相信我对朋友的判断，不要干涉我交友，因为我已经有了独立鉴别朋友的能力了。

所以，当我决定出国留学的时候，我妈都相信我会对自己的决策负责。我们两人之间有一道清晰的界限，这界限让我舒适、独立、自由，也让妈妈有了经营自己生活的意识，她也会过得更愉快。

父母和我们都是共同成长的，当我们抱怨父母不开明时，我们要反思自己是不是一开始就划定了自己的界限。很多人都羡慕我有一个开明的妈妈，而我认为没有天生开明的父母，父母都想把孩子保护于自己的羽翼下。

但是，如果你用划界限的方式，慢慢标记自己的领地，这也让父母养成尊重你的意愿的习惯。

别再抱怨别人没有界限感了，如果你想当个好人，把自己的领地变成无边界的乐土，就别怪流浪汉会在这里安居乐业。当他们习惯了侵略你的领土的时候，当你想驱赶他们，他们还会骂你丧尽天良。

我们可以反省下那些恶化的关系，是不是从你答应帮他一个小忙开始的？

03 你可以看不惯我，反正你也干不掉我

1

我的好友周总是一个事业有成、为人豁达的青年才俊。他有个发小，逢人就说："周总小时候家里特别穷，连家里的房子都漏雨。跑去上海打工的时候，他连件像样的衣服都没有，还是偷了件我的衬衫去的。"

现在，即使周总每年都会送一套高级的西装给他，他仍然会不停地絮叨这件事，把"偷"字强调得很刺耳。

周总说："这样的人内心是自卑的，却有莫名的优越感，不想承认你比他强，所以总是不时地用揭你的短，来平衡自己的不甘心。他心底里是看不惯我的成功的，但那又怎么，我还是比他过得好。我可以送衣服给他，但不会分事业给他，这种人不值得托付。"

2

好友璐璐带着新交的男友和我们聚餐，我们都开玩笑地说：

"戴粉水晶果然有用啊，招好桃花。""璐璐恋爱后，皮肤越来越好了。"……

听了这些溢美之词，璐璐一脸羞涩，幸福感爆棚。

这时，佳佳冒出一句："璐璐找男朋友的过程可艰辛了，当时，她在相亲网站上还遇到'花篮诈骗'，跟那个骗子聊了好几天，骗子把爸爸、妈妈、妹妹都请出来了，挨个和她说话，哈哈哈……"

她说完这话，现场一阵尴尬，还好羊羊机智地假装不小心碰洒了汤，转移了大家的注意力。

聚餐过后，璐璐直接在微信里拉黑了佳佳。

佳佳气愤地在群里说："璐璐真是小心眼儿，居然把我拉黑了，相处这么久了，还不了解我就是一个心直口快的人吗？被她气死了！"

我们都劝璐璐说："佳佳那个人就是口无遮拦，说话不过脑，人不坏的。"

"得了吧，她这个人，我也不想说什么了，你们谁也别劝我，就凭她那股爱揭人短的劲儿，就说明她的内心有满满的恶意。"佳佳非常气愤地说。

我们都被"恶意"这个词惊了一下，仔细地分析起了佳佳这个人。

2

羊羊说:"有一次,我带自己的老板,去佳佳工作的俱乐部办卡,想给佳佳充点业绩。佳佳当着我老板的面说,好羡慕我的工作哦,不用坐班,还清闲,可以到处玩。听了佳佳的话,老板微笑着对我说:'以后要努力工作啊!'我当时的脸红一阵白一阵,想找个地缝钻进去。回去把佳佳好一顿骂。佳佳委屈地说:'我真不是故意的,谁知道你老板能联想到你不努力工作啊。'"

羊羊又接着说:"还有一次,你们记得不,我男朋友送了一个包给我,我背着去参加朋友的生日聚会,佳佳说你这个包是真的还是假的啊,我说真的啊,男朋友从法国带回来的。佳佳来一句'你买过那么多假包,背个真的,我也以为是假的呢。'"

我也记得佳佳拆别人台的事,有一次,我去佳佳的俱乐部找她。俱乐部里的一个女同事形象、气质和谈吐都很不错,我当着佳佳的面夸她:"你们这位同事业绩肯定不错,长得好看,还超级会聊天。"

听了我的话,她的同事正眉开眼笑,她却来了句:"老板上个礼拜才骂过她,再没业绩,就得走人啦。"

还有一次,闺密的车坏了,开了老爸的路虎来参加聚会,下车时,佳佳说:"呀!你又傍大款了。"

当时闺密喜欢的男孩也在场,她生气地说:"大款就是我爸!"

我在群里发公司素人的服装搭配案例,被朋友们称赞品位好、会打扮时,她总会冒出一句:"看过你中学时的照片,又黑又土还自来卷,没想到现在成了知名形象设计师了!"

……

仔细想想佳佳的这种口无遮拦的事情还真不少。每次她揭人短时,我们会非常愤怒,但后来只是把她视为一根直肠连大脑的人,没人跟她计较。

在佳佳这里,我们没有"偷衬衫"这样的短处,所以即使她揭那么一下,我们也没觉得事情有那么严重。**但是"爱揭短"这件事,本身就是一件不好的行为,它源于嫉妒,嫉妒别人有美满的爱情,嫉妒别人有自由支配时间的工作,嫉妒别人的家境比她好。**

这种行为,会让自己变成一个怨气满满的人,不仅失去朋友,也会让自己变得面目可憎,体验不到生活的美好。更何况,即使再看不惯我们,她也比不上、干不掉我们。

04 你有你的活法，我有我的态度

1

我们几个好友聚会吃火锅，阿雅带着她6岁的女儿一起来的。

我们几个人正聊得开心时，就突然听阿雅低声怒吼："我跟你说过多少次了要小心点儿，衣服你自己洗吗？"

我们仔细一看，原来是小朋友把丸子掉到了裙子上。看着抓着筷子一脸恐慌的小朋友，我们忍不住指责阿雅："你这是干吗啊？又不是什么原则性问题，你小时候不会弄脏衣服吗？"

阿雅还余怒未消地发着牢骚："你不知道啊，这孩子说100遍，她都听不进去……"旁边的孩子用余光扫着妈妈的脸，局促又紧张。

阿雅曾跟我们聊起过她的童年。她妈妈是个高知，在外知书达理，在家却暴躁易怒。她经常会因为一点小事儿就遭到一顿打，她觉得家里的空气都是紧张的，很难专心地写作业、玩、看电视。她常常坐卧不安，吃饭都要看着妈妈的脸色，所以造就了她极度敏感、缺少安全感的性格。

2

阿雅结婚生子后，看了很多家教方面的书籍。她的原则是：我绝不会像我妈妈一样，我要给孩子健康的身心。

但就我观察来看，阿雅虽然没有像自己妈妈一样暴躁易怒，对孩子非打即骂，但她很难控制自己的情绪，跟孩子说话时常会眉头紧锁、面含愠怒，这让孩子感觉非常不安。

其实，阿雅小时候害怕的并不是皮肉之苦，而是害怕母亲倾倒给她的坏情绪。小小的她，没有能力分析母亲情绪的起因，只会不安，觉得坏情绪就是一颗定时炸弹，随时会爆炸。

现在阿雅虽然改变了教育孩子的方式，但还是在给孩子倾倒一种不良的情绪，这种坏情绪可能比打雷、闪电和黑暗更让孩子害怕。从这个层面上讲，阿雅妈妈的打骂和阿雅的不稳定情绪，对孩子的影响，本质上并没有什么大区别。

3

小时候，我们经常看不惯父母的做法，在内心默默地说"长大以后，我才不要像你一样"，但在不知不觉中，我们却做了自己之前最不喜欢的事。

娇娇常常抱怨父母在她小时候逼她学滑冰，导致她的小腿变成了O型，但现在她儿子却每天都要被迫弹钢琴。她认为自己和她父母不一样,钢琴是孩子的起跑线,不能不学,而滑冰对她的将来并没有什么大的影响。

阿雅百思不得其解,婆婆为什么不舍得丢掉那些陈年旧货,占着家里几万一平的房子;而她没发现自己的衣柜里,却挂满了3年都没有穿过的衣服。

其实你仔细想一想,和父母相比,你真的换了一种活法了吗?

小时候你讨厌三姑六婆围在一起聊东家长西家短,现在你却跑到别人的微博下面挖八卦;

小时候你讨厌泼妇扯着嗓子骂街,现在你却经常在网上对他人恶言相向;

小时候你听说父母结婚配八字是封建迷信,现在你却天天追着星座,看看自己跟谁更合适;

小时候你认为父母一毛两毛的讨价还价是抠门、吝啬,现在你却为了五块十块的优惠券拉人集赞,为了包邮啰唆半天;

父母求神拜佛,你转发锦鲤;

父母给遥控器套个塑料袋,你给手机套个壳。

……

我们总是觉得自己会比父母过得好,更有远见,其实你现在所谓的"远见",是社会经济发展、信息渠道拓展、信息传递量激增的结果,和我们自身并没有什么关系。

4

那怎样才算换了一种活法呢？一定是你在价值观层面上发生了很大的变化！

比如,父母认为自己的力量太过渺小了,控制不了自己的人生,所以求一个最稳当的职业,进国企、当公务员。而你知道个人的价值,才是你在社会上的竞争力,你不再忙着站队、抱大腿,而是修炼个人的价值。

父母认为生活的本质就是吃饱穿暖,认为兴趣爱好、美、精神需求都是矫情。而你却知道生活的本质是让自己的内心丰盈充实,你需要让自己对每一天都有美好的感知,让自己自信昂扬,灵魂丰富有趣。

父母认为结婚生子是人生必经之路,没有为什么,就应该这样；而你在思考婚姻的本质,和婚姻到底是不是自己理想的生活选择。

父母们有自己的活法,但我们自己一定要有坚定的态度,不要承袭那些老套的思想与知识,而要学会与时俱进,通过学习武装自己的大脑,才能教给孩子最先进的知识,给孩子提供最具有建设性的意见,这是我们带给孩子最宝贵的东西！

什么才是不可替换的好东西呢？可能每个人的答案都不一样。就我个人而言，我的生活方式跟父母不一样，但是精神内核却是他们所教给我的：**热爱生活，与自己的欲望和谐相处！**

05　不好意思，嘴上说说的道歉我不接受

1

某天，我到普吉岛度假，登机时，我看到长队里有很多小孩子，心里很犯怵。照以往的经历来说，只要出行，无论是在飞机、高铁上，还是在汽车、游艇上，我的前后左右总会配置一两个"熊孩子"。

我遇到过把脏东西抹到我裙子上的，把热水洒我腿上的，跟家长较劲不小心把我眼睛撞肿的，一路上霸占我的ipad的，撕掉我图书中好看的插画的……我与"熊孩子"之间的故事，简直能写一部"巨著"了。想到有5个小时的航程，当时的我，顿时觉得有点颓废。

很多人会认为这样的孩子，就是家长不管教或家长也没素质造成的。事实上，这些家长不仅会制止孩子的不良行为，还会告诉孩子这样做不对，要道歉，孩子也会说"对不起"。但他们还是会一直"熊"下去，这是我一直非常想不通的。

2

那次在飞机上,很侥幸,我的周围没有配置"熊孩子",但普吉岛之行,让我对"有礼貌的熊孩子"这个困扰,终于有答案了:没别的,就是教育有问题!

到了普吉岛,我入住了一家位于海滨的泳池别墅酒店。因为这里适合游玩,这里入住的中国家庭有很多。

我的隔壁住了一对母子,是一个年轻的妈妈带着一个四五岁的儿子。阳台门外,是一个我们两家共用的泳池。一大清早,我就听见孩子在泳池里扑腾,欢快地喊叫,我感觉小家伙很享受热带的早晨。

其实,孩子对新环境兴奋、有好奇心,想要蹦跳和试探,我不会认为他"熊"。我也没有被吵醒的埋怨之心,心想度假不应该太贪睡,去游个泳,舒展一下筋骨吧。本来泳池里只有那孩子和他妈妈两个人,等我进去以后,孩子可能觉得我入侵到了他的领地,开始表示不满,故意朝我泼水。我也听到了他妈妈对他断断续续的劝说,大意是:泳池又不是你一个人的,你不能这么做。

在游过他们身边的时候,孩子故意伸脚蹬了我,我虽然一点都不感觉痛,但是能感受到一个仅仅四五岁的孩子满满的恶意,懦弱的我赶紧上了岸,心想别破坏小家伙美好的早晨了。

这对母子在我隔壁住了两晚，在酒店的车上、餐厅里，我也经常遇到他们。我下意识地观察了这个孩子，发现他小小年纪眉头都是拧巴的，发怒时会恶狠狠地用小拳头打妈妈，妈妈也不惯着孩子，会呵斥他，打他的手，然后孩子就声嘶力竭地大哭起来，周围人没有一个不讨厌他的。

3

但是，我和"熊孩子"的故事还没有结束。当时，我在普吉岛当地报了一个地接团，要出海斯米兰岛两天。当时快艇上有18个人，包括5个3到5岁的孩子。

在快艇上的两天，我的耳边一直萦绕着孩子的哭嚎和笑闹声。团友们都很喜欢其中一个孩子，逗他，给他零食，都嫌弃另外4个孩子太"熊"了。你躺在沙滩上安静地晒个太阳，忽然就被扬了一脸沙子。伴随着父母呵斥的声音，耳边会快速飘过他们语气欢快的"对不起"三个字。

"熊孩子"不是不会用礼貌用语，"叔叔""阿姨"喊得很溜，"对不起""谢谢"也使用得很频繁。这些孩子的礼貌用语用得很好，长得也萌，成人都不会跟他们计较，所以他们"熊"起来毫无成本。你在那里游泳，他非要撞过来，不经允许拿你的丝巾去捞小鱼，一脚踢散你堆的沙子……

反而那个不总说"对不起"的孩子,却最招人喜欢。他不是特别安静,跟"熊孩子"们一起玩也挺闹腾,但是当你对孩子群投去不满的眼光时,那个小孩会马上停下来,有点羞涩,有点紧张地看着你,虽然没说"对不起",但是真的能感受到他因为打扰到了你而感到抱歉。

4

我观察了这些孩子的父母,忽然就想通了礼貌教育这件事。

当"熊孩子"打扰甚至伤害到别人的时候,父母的第一反应是呵斥孩子,让孩子道歉,但他们自己却从来不为监管不力而道歉。说直白点,就是他们先做的,不是表达对他人的歉意,而是先"照顾"自己的孩子,让孩子道歉。

孩子道歉了,你要再说什么,好像是自己不近人情,跟一个孩子计较。你的不计较,会让家长忘了自己该承担什么责任了。家长无歉意,让孩子使用一下道歉语言,就是一种形式上的礼貌教育。家长的态度让孩子觉得这件事没有什么,只要自己说句"对不起",就能解决所有的问题,闯祸的成本太低了。

所以他们才可以用欢快的语气边打扰你边说"对不起",会看都不看你一眼,就喊"叔叔""阿姨""谢谢""再见"……

在斯米兰海上浮潜的时候,浪有点大,有一位家长没拉住自己的孩子（就是我印象里最"熊"的那个），让孩子穿着救生衣漂远了。有一个会游泳的游客游过去，把孩子抱了回来，家长接过孩子说了声"谢谢"。虽然算不上什么大忙，但家长在说"谢谢"的时候，连游客的脸都没看一下，更别提任何眼神交流。

这就是虽然说了谢谢，但无谢意。对于这种嘴上说说的道歉，不好意思，我接受不了。

5

"谢意""歉意"这两个词说起来很模糊，只有当语言失去作用时，我们才能感知"意"的重要性。就像在泰国，我虽然听不懂泰语，但服务生每次收小费的时候，会看到他们双手合十、满眼真诚的谢意。

我觉得"意"就是人传递的能量。很多心理学家都说过，孩子从婴儿时候，就能感受到能量，能感知善意和恶意。我认为父母在教育孩子的时候，语言一定是最苍白的，孩子最容易接收到的就是你对他身体力行的影响，最先学习的就是你对这个世界的人和事的态度。

回想酒店隔壁的那个有戾气的孩子，他妈妈也是面容拧巴、眉头紧锁的，给酒店班车司机小费的动作像是施舍乞丐。其他

"熊孩子"的家长说"对不起""谢谢"的时候，总是头也不抬一下；当孩子因为磨蹭耽误大家的时间时，他们固然会跟导游说抱歉，但总是不紧不慢的。表面上对人有礼貌，实质上却不懂怎么尊重他人，这恰恰是孩子最容易从家长身上学到的。

而那个讨人喜欢的孩子的父母，虽然其貌不扬，但总是面容舒展。跟人说话的时候，他们会报以善意的微笑；在受到服务和帮助时，他们会真诚地表达谢意；在自己的孩子给人带来不便时，他们最先向你表达歉意，再去教育孩子。

我认为"言传身教"是教育的真理，语言对孩子的作用往往是苍白的，身教才是最有作用的。

我们的父辈虽然没有接触过育儿的科学方法，但他们更加擅长身教。我妈妈是一个不会给别人添麻烦的人，她慷慨、乐于助人，我爸爸遇到任何事都很乐观。在他们的影响下，我成为一个有同理心并且乐观的人。

现在的年轻父母虽然学了很多育儿的理论知识，也会讲很多道理，但就是言传大于了身教。他们对世界没有好奇心，对自己毫无要求，每天都是邋邋懒散的状态，捧着手机浑浑噩噩地过日子，却希望自己的孩子健康、聪明、乐观积极，完成自己做不到的事。

6

我有个朋友经常抱怨自己的孩子总是一副无精打采的样子，以为孩子身体虚弱，但检查也没发现什么问题。

我跟她说："你看看你，说一句话恨不得叹三口气，遇到什么事，都觉得天塌下来了，孩子这是跟你学的啊！"

我办的训练营里，很多宝妈经常会分享"身教"的意义，觉得只有自己变得积极乐观了，孩子才会更好管。

其中有个妈妈说："女儿做作业、洗澡、起床，都要我跟在后面催啊催的，小小年纪一身懒肉，怎么说都没用。然后我就反思自己，其实我不就是成人版的女儿吗？我已经在无形中影响了孩子。后来，我终于意识到了自己的问题，每天早上起来就会积极运动，打扮自己，下班回家也认真投入学习。这才发现孩子也变得有序和认真起来了，还经常督促我：你今天打卡了吗？"

也有妈妈说："平时孩子不好好吃饭、挑食、不珍惜食物，但自从我学习了审美课程后，我对食物开始有了感知。我不再边玩手机或看电视，边吃饭了，我决定要把吃饭当成一种仪式，边吃边给孩子描述食物的味道：这个豆子甜丝丝的，吃到嘴里有夏天的味道……然后孩子就会美滋滋地吃饭，慢慢地他就不再挑食了。"

"还有,孩子不爱去幼儿园,每天上学前,他都会一脸怨念,我仔细想了想自己上班前的样子,给孩子传递的就是这一天就是辛苦的、可怕的、令人厌烦和畏惧的思想。当我早早起来运动,坐在梳妆台前给自己化个精致的妆,满面春光地对一天充满期待的时候,孩子就会不知不觉被影响了,上学也变得积极了很多。"

7

屠格涅夫的妻子曾经对他说:"你别每天就知道埋头写作,抽出些时间,教育教育我们的孩子。"

屠格涅夫回答说:"亲爱的,我无时无刻不在教育孩子。"

所以,光是在口头上教育孩子是没用的,家长的行动和态度,才是最影响孩子的。**我相信对世界报以善意,总能看到事物美好的一面。能尽心尽力过好每一天,接纳并欣赏自己的家长,才会培育出积极乐观的孩子。**

愿你的孩子可爱,愿你所有的语言背后都有"意"!

06　我的爱情，不需要你看得懂

1

爸妈离婚不到一年，我爸就准备再婚了，当时，我愤愤地认为，我爸早就找好了。但听大姑姑说，两人是后来通过别人介绍认识的，我爸觉得挺合适就往结婚的方向发展了。

我爷爷、姑姑们都很难理解我爸认为的"合适"——他找了个丧偶、带着一个14岁男孩、个头矮小的普通事业单位职员。

我大姑姑的分析是："那小媳妇的小嘴可会说了，把你爸给哄住了。要不，你爸能不乐意××家小姨子吗，人家是当老师的，个子不仅高，还是头婚……"

我爷爷虽然想要孙子，但是也不能接受别人家的孙子，气得他大骂我爸："你就是怕我活得太长了……"

我爸妈都是那种"主意特别正"的人。我妈离婚的时候，没人能劝得了她；我爸再婚的时候，也没人能阻挡。

时间过得很快，转眼间，我爸妈离婚已经快20年了。爸爸再婚后生了我小妹妹，她今年也要中考了。

2

在爷爷80岁大寿的寿宴上,爷爷要拉着我坐他旁边。

我爸说:"不行,得让你大孙子坐您旁边。"

爷爷的"后孙子"和我爸坐在了爷爷的两边,我坐在了这位见面次数不多的"哥哥"旁边。这位哥哥情商很高,席间尽到了"大孙子"的职责,热情地招呼亲朋好友,活跃气氛。

我爸爸提起他也是非常骄傲:"我大儿子刚回国两年,就年薪百万了,跟××(某大佬名字)经常打照面……"

继母打断我爸:"你可别显摆了,他上学,也比别人家的孩子多花不少钱呢,看他啥时候能赚回来还我们吧。"

我爸依然像所有爱炫耀孩子的家长一样,总是忍不住制造"显摆"话题:"我家闺女刚刚考完钢琴九级,跟她一起考试的人里面,属她年纪最小了……这手表是我大儿子从国外给我带的,说比国内便宜不少……"

听到爸爸这么夸奖大哥哥和小妹妹,我忽然间感觉有点难过。我从小学开始当班长,高中前,我考试很少考第二名,不仅荣获了市级"三好学生""十佳少年"的称号,还上过电视。但从小到大,在所有亲朋好友的聚会里,我爸从来没流露出半点的骄傲之情,就算亲戚们主动夸赞我,我爸也只是说一句:"有啥用啊,丫头片子长大了还得嫁人。"

我的这种难过不是嫉妒,是反思。因为在席间,我看到大哥哥和小妹妹发自内心地对爸爸表示崇拜和爱,而我从来没有过,有的只是和妈妈一起抱怨爸爸。

3

哥哥喝得有点微醺,轻声跟我说:"以后多联系啊,咱们能成为一家人也是了不起的缘分!跟爸也多亲近亲近,他嘴上不说,其实挺想你的,常和我妈念叨,你跟你妈亲,跟他不亲。其实人岁数越大越要哄,咱爸尤其需要哄着来呢……你给人的感觉有点冷呢……"

的确,我本来和爸爸就不够亲密,他再婚后,我们的关系更是淡薄了。也许当时受大姑姑的影响,我觉得继母不是好人,去爸爸家里吃顿饭都很别扭,觉得继母和哥哥的热情都很假。

后来,我和爸爸的联系越来越少了,爸爸不知道我读哪所高中,考了什么样的大学,出国去了哪个国家。我也不知道我爸爸的生意做到了哪里,取得了什么样的成就。我们从没特意告知对方一些事,包括我小妹妹的出生、我辞职创业。

4

我对爸爸说,想在他家住两天,他很高兴,让继母给我做好吃的。

盛满的鸡鸭鱼肉的不同形状的盘子，挤满了桌子，继母热络地招呼我吃饭。席间，我发现爸爸依然没改掉吃饭风卷残云和吧唧嘴的习惯，也不会对哪个菜发表评价。

我脑海里忽然回忆起20年前，我们一家人一起吃饭的情景：我妈兴致勃勃地学会了一道菜，把菜拧成很好看的造型，端给我爸吃，我爸一筷子就给夹散了，放进嘴里嚼了几下，扒了几口饭，什么也没说，也不觉得有什么特别。当时我妈特别生气，觉得爸爸不解风情。

继母和我爸生活得久了，他们的吃相也差不多。她一边吃一边给我爸和我们夹菜，说："吃，吃，都吃了，别剩下啊，回锅就不好吃了……小J你多吃点啊，看你瘦的，不能减肥啊，我都不让你小妹减肥，瘦不拉几的，容易有毛病。"

这一家人的生活方式不像我和妈妈、继父那样——把荤素搭配的食物装在精致的餐具里，在餐桌上铺上干净文艺的桌布；菜端上桌后，每个人还要轮番表扬一下妈妈的手艺，看妈妈笑开了花，再动筷子。

但是爸爸一家的生活也别有一番情味：哥哥跟我爸眉飞色舞地聊军事，两个人因为对某种战略所见略同，乐呵得直拍大腿；我小妹妹十几岁了，还是对爸爸又搂又抱，撒娇得不行；

爸爸骂打麻将的继母，不穿长点的衣服，露着腰，难怪她腰疼，继母也不生气，让我爸拿件长点的衣服……

这种充满烟火气的幸福，让我看到爸爸脸上无比质朴的满足感和幸福感。

5

我跟大姑姑说："你以后不要跟我×姨（继母）拧巴了，我看她对我爸挺好的。"

大姑姑撇撇嘴说："有啥不好的，你爸拼命挣钱就为了他们娘俩，给你爸哄得五迷三道的。这不，刚给她儿子在北京付了房子的首付吗，谁家后爸能做到这样的程度啊……不是我说你，你就是缺心眼，我看你爸的钱，你一分也捞不着……"

过去，我也以为继母对我爸的关爱像是一种巴结，都是为了给她儿子找个有能力的继父，但一次聊天，让我对她的看法有了改观。

她拉着我的手说："我遇到你爸，真是我命好，你爸这个人不但知冷知热，还对我从来没有防备之心，对我儿子比亲爸还好。他是真正的大丈夫，我现在就想好好照顾他，我俩能陪伴着多走几年，就算我的福气了……还有一件事一直不知道咋跟你说，我以后想跟你爸埋一起，我儿子也同意了，一直想问问你……"

看着继母眼里忍不住流下的眼泪,我扯了几张纸巾递给她,说:"×姨,我怎么会不同意呢,我爸妈早就没感情了,我也不会因为他们是原配,就干涉这些啊……"

她擦了擦眼泪,拿起茶几上的相框,是和我爸在海边的标准游客照,说:"你爸不在家时,我经常看这照片,那是我第一次去海边,你爸给我买了一条围巾,说披着照相好看,我可高兴了……"

也许,在外人看来,爸爸和继母之间的爱情是不般配的,但般配的爱情,往往有别人看不懂的深情。只要两个人生活幸福,就不需要别人看懂。

6

妈妈和继父的床边也摆着一张合影,是两个人在夕阳下彼此依偎的剪影,照片背后,有我妈妈娟秀的字:执子之手,与子偕老。

爸爸和继母虽然没有妈妈那样的浪漫情怀,但两个人的生活不也是"执子之手,与子偕老"的真实写照吗?

我妈妈和继母是两种女人,她们的生活方式不一样,对配偶的要求也不一样。但好在她们都找到了各自的幸福,这种幸福让她们真诚地感恩生活，珍惜自己所拥有的一切。

我忽然就明白了：幸福从来没有任何标准，只要是幸福，都令人向往；也没有谁配不上谁，只要两个人相处和谐就是般配。

爸爸和妈妈都不屑于对方所选择的人和生活方式，但是幸福是没有标准的。幸福是自己内心所感受出来的，谁也不能衡量谁过得更好。现在的他们及时止损，找到了合适的人共度余生，他们都是幸运的。

如果我爸妈没离婚，磨合20年会有什么结果呢？无非是在磕磕碰碰中将就，在习惯中培养亲情，在无休止的争吵中失去对美好生活的感知能力，待走到生命尽头时，期望来生还是不要再遇见。

不要以为经历了岁月的洗礼，我们就能变成对方想要的样子。时间不会让不合适的两个人变合适，只会让他们忘记在一起的初衷，岁月余生只剩下将就！

你要相信，合适真的很美好，像染红半边天的朝阳！